進階栽培 × 配置設計，兼顧收藏與裝飾的綠植美學

培育絕美鹿角蕨

野本榮一／監修

平野威／攝影、編輯　安珀／譯

INTRODUCTION

依照個人喜好，
將自然的造形
培育得更加漂亮。

鹿角蕨是在熱帶叢林等處自然生長的附生植物。
其特徵為擁有形態不同的孢子葉和貯水葉，
並散發獨特的氛圍。
由於可以隨心所欲地配置或裝飾，
因此成為備受矚目的室內觀葉植物。

栽培鹿角蕨的妙趣,
就在於培育出自己心中描繪的美麗姿態。
先考量品種的特性等,
然後調整培育的環境,花費心思
栽培出接近理想姿態的植株。

近年來，包括各類的雜交種和選育種等，
市面上流通著種類豐富多樣的鹿角蕨品種。
鹿角蕨的特徵繁多，從植株的大小以及葉片的形狀、顏色和質感等，
能讓人在尋找喜愛的植株時增添更多樂趣。
那麼，您想要嘗試培育哪種鹿角蕨？又打算如何栽培呢？

CONTENTS

INTRODUCTION ······ 002

CHAPTER 1 與鹿角蕨相伴的生活 ······ 008

野本榮一先生 ······ 010
木村博先生 ······ 018
pokomerry 先生 ······ 024
藤川貴久先生 ······ 030
bigbell 先生 ······ 036
中島強先生 ······ 042
kiyoshi 先生 ······ 048
babyface 先生 ······ 054

CHAPTER 2 鹿角蕨的最新收藏73品 ······ 060

珍妮鹿角蕨 ······ 062
艾莉絲鹿角蕨 ······ 063
伊翡諾鹿角蕨、伊翡冉鹿角蕨 ······ 064
迪奧鹿角蕨 ······ 066
獨角獸鹿角蕨 ······ 067
平靜鹿角蕨 ······ 067
細葉馬達加斯加圓盾鹿角蕨 ······ 068
愛麗絲鹿角蕨 ······ 068
四叉鹿角蕨 ······ 069
奧本河立葉鹿角蕨 ······ 070
野採夏威夷鹿角蕨 ······ 070
二歧鹿角蕨 ······ 071
椰子樹鹿角蕨 ······ 072
非非鹿角蕨 ······ 072
坤噴鹿角蕨 ······ 073
風神鹿角蕨 ······ 074
迷唇姐鹿角蕨 ······ 074
飛馬鹿角蕨 ······ 075
流星雨鹿角蕨 ······ 075
阿奇鹿角蕨 ······ 076
波狀葉鹿角蕨 ······ 076
克拉肯鹿角蕨 ······ 077
龍鹿角蕨 ······ 078
泡泡龍鹿角蕨 ······ 078

鞭炮鹿角蕨 ······ 079
玉女鹿角蕨 ······ 080
金童鹿角蕨 ······ 080
魚骨鹿角蕨 ······ 080
侏儒黃月鹿角蕨 ······ 081
艾瑪鹿角蕨 ······ 081
E-1鹿角蕨 ······ 082
坤噴鹿角蕨 ······ 082
馬諾拉鹿角蕨 ······ 083
白色戀人鹿角蕨 ······ 083
平靜鹿角蕨 ······ 084
蝴蝶鹿角蕨 ······ 085
十十鹿角蕨 ······ 086
玉女鹿角蕨 ······ 086
鞭炮鹿角蕨 ······ 087
奧本河銀葉鹿角蕨 ······ 088
馬來鹿角蕨 ······ 088
峇里傑爾瓦特鹿角蕨 ······ 089
哈卡鹿角蕨 ······ 090
飛馬鹿角蕨 ······ 090
二歧×長葉鹿角蕨 ······ 091
胖公主鹿角蕨 ······ 091
瑪莎拉蒂鹿角蕨 ······ 092
劍鹿角蕨 ······ 092

培育絕美鹿角蕨

野採夏威夷鹿角蕨	093	梭桃邑鹿角蕨	100
馬來鹿角蕨	093	馬達加斯加圓盾鹿角蕨	101
無限鹿角蕨	094	深綠鹿角蕨	101
巴納J鹿角蕨	094	尖竹汶鹿角蕨	102
龍×瑪莎拉蒂鹿角蕨	095	瑪莎拉蒂鹿角蕨	103
皮陳緊湊版鹿角蕨	095	滿月鹿角蕨	103
白二歧鹿角蕨	096	白霍克鹿角蕨	104
捲捲鹿鹿角蕨	096	劍鹿角蕨	105
南農鹿角蕨	097	斑比鹿角蕨	106
四叉×馬達加斯加圓盾鹿角蕨	098	風鈴鹿角蕨	106
海拉鹿角蕨	098	玉女鹿角蕨	107
滿月鹿角蕨	099	馬來鹿角蕨	107
春雨鹿角蕨	099		

CHAPTER 3　鹿角蕨的培育和配置 ... 108

進階的栽培
　光照 ... 110
　溫度 ... 111
　給水 ... 112
　通風 ... 113
　肥料 ... 113

高明的培育技術
　孢子葉的調整 ... 114
　貯水葉的調整 ... 116
　芽點的問題 ... 118

軟木樹皮加工的技術
　附生在軟木樹皮上 ... 120

【SHOP GUIDE】OZAKI 花卉公園 ... 126

007

CHAPTER

1

Living with
a Platycerium

與鹿角蕨相伴 的生活

這些是著迷於鹿角蕨,並從中獲得栽培樂趣的人士。無論是作為室內裝飾時所講究的細節、收藏植株的喜悅,還是摸索出可以發揮品種特點的栽培方法等,鹿角蕨的魅力無窮。一起來追隨高階愛好者的鹿角蕨風格。

1 / PLATYCERIUM LOVERS

藉由精心塑造和配置 提升鹿角蕨的價值

野本榮一先生 (driftwood.smokeywood)

野本先生是進口與販售鹿角蕨的「SmokeyWood」的負責人，經手許多不同的品種。他從很久以前就開始善用社群網站推廣鹿角蕨，在愛好者的圈子裡被親切地稱為「BOSS」且深受大家喜愛。野本先生不僅販售植株，也具有栽培家的身分。除了新改良的品種之外，還擁有並長期培育來自世界各地的原生種。

「在熱帶地區自然生長的植株，與在日本培育的植株，即使是相同品種也會長出截然不同的姿態。由於日本四季分明，氣溫隨著季節變化，在有點嚴苛的環境中栽培的鹿角蕨會長得比較密集。藉由巧妙控制培育環境，就能享受將植株培育成理想姿態的樂趣。」

實際上，野本先生培育出來的鹿角蕨幾乎都是密集生長的緊湊型。許多愛好者對這種日本特有的鹿角蕨感到著迷。

1
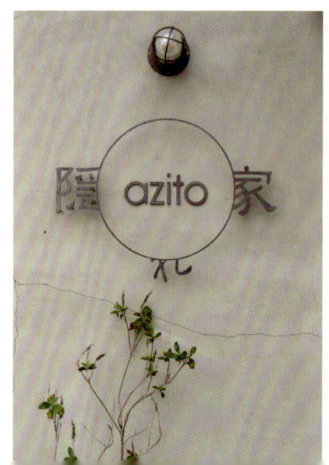

與鹿角蕨相伴的生活 ● 野本榮一先生

2　　　　　　　　　　　3

❶位於東大阪市的「azito」成為植株展售會等的據點。❷野本先生積極參與日本全國各地的活動,販售豐富多樣的品種。❸為了推廣鹿角蕨,還舉辦栽培方法和配置方法的講座。

此外，他還在製作方式上增添了獨特的配置。這種風格是讓鹿角蕨附生在各種形狀的軟木樹皮上。板植的植株雖然也不差，但野本先生製作的軟木樹皮配置別具趣味，不僅襯托出鹿角蕨的美麗，同時也令人聯想到原生地的自然風貌。

「鹿角蕨最大的魅力在於它是比較強健的附生植物，能輕鬆用於室內裝飾，再加上它非常適合搭配軟木樹皮，所以配置過程中也充滿樂趣。」

SmokeyWood目前除了2座溫室和戶外遮蔭區域之外，室內的培育空間也很充實。主要是將侏儒品種放在室內；立葉鹿角蕨和二歧鹿角蕨系列、馬來鹿角蕨等其他原生種，則基本上是置於室外。而準備販售的植株，為了讓它們能夠適應任何環境，所以會根據季節或植株大小，輪流放在一些不同的環境中。近年來，由於夏季酷熱，室內管理的比例似乎增加了（具體的栽培方式或配置方法請參照Chapter 3）。

「最近，小型植株的侏儒品種和個性鮮明的選育株等，有各種不同類型的鹿角蕨在市面上流通。我認為從其中找到自己喜歡的品項，並將它精心塑造成理想姿態的風格會漸漸成為主流。」野本先生說道。也因為如此，他希望能提升鹿角蕨的價值，在未來繼續創作出令眾多愛好者心儀的植株。

4

5

6

❹倉庫內存放著大量的軟木樹皮。尺寸和形狀各異，種類相當齊全。也會在展售活動中販售軟木樹皮。❺讓鹿角蕨附生在加工過的軟木樹皮上。坐在地上進行作業是BOSS的風格。❻將直管狀的軟木樹皮製作成框架的作品。❼聳立在azito正面的鹿角蕨牆。從1樓通往2樓的鐵柵欄上掛滿了各式各樣的鹿角蕨。中央還有象徵SmokeyWood的「馬來鹿」身影。

與鹿角蕨相伴的生活 ● 野本榮一先生

8

❽侏儒品種的珍妮鹿角蕨（詳情請參照P.62）。因為附生在加工處理過的軟木樹皮上，所以展現出自然的藝術感。❾將管狀的軟木樹皮接合在一起，讓馬來鹿角蕨附生於內側。這個配置是為了突顯生長得很緊湊的馬來鹿角蕨。野本先生在培育鹿角蕨的同時，也積極探索軟木樹皮加工的可能性。

10

11

伊牪諾（❿）和伊牪冉（⓫）。野本先生在上天安排下遇見的緊湊型長葉鹿角蕨（詳情請參照P.64）。整體密集生長成小型植株，貯水葉呈小型冠狀，伸展出來的纖細孢子葉也充滿魅力。要放在溫度不會過高的環境中小心培育。

與鹿角蕨相伴的生活 ● 野本榮一先生

與古董極為相襯的
鹿角蕨具有莫大潛力

木村 博先生（nature_roshi303）

　　木村先生的生活空間滿布歐洲古董家具和雜貨。展示在那裡的鹿角蕨散發出獨特的光采。附生於軟木樹皮的植株懸掛在別具匠心的座架上，其凜然挺立之姿為日常生活增添了一份自然的趣味。

　　「考慮到形態和特性，我認為鹿角蕨作為室內觀葉植物具有相當大的潛力。雖然收藏鹿角蕨也充滿樂趣，但我也在思考如何兼顧裝飾的效果。」至於製作方法和配置，則要意識到「重力的平衡」。不僅要讓植株左右對稱，包含所附生的軟木樹皮外觀，也要將其重力納入考量，以取得整體平衡。在軟木樹皮上精心纏繞藤蔓或配置其他植物等，藉此提高觀賞價值，也是木村先生的特長。

　　說起來，木村先生的園藝生涯已有20餘年。雖然他很久以前就接觸鹿角蕨，但直到幾年前遇到馬來鹿角蕨才開始正式投入培育工作。他費心挑選深綠鹿角蕨、立葉鹿角蕨、長葉鹿角蕨、侏儒系鹿角蕨等品種進行栽培。

　　基本上，除了冬季之外，他都將鹿角蕨放在陽台以自然光照的方式培育。他特別注重孢子葉展開的角度，會根據品種的特性調整光線照射的角度。

　　「培育的過程本來就是最有趣的部分。雖然植株本身具有一定的特性，但隨著栽培環境不同，它的姿態也會產生很大的變化。用心培育出漂亮的植株，正是其中最大妙趣。欣賞其姿態則是一種獎賞、一份附加的贈禮。」木村先生說道。正因培育時苦樂兼具，所以觀賞時的喜悅也大幅增加吧。

❶ 白二歧鹿角蕨。孢子葉優雅地向上舒展，子株左右均衡地生長，最終形成美麗的大型植株。

1

與鹿角蕨相伴的生活 ● 木村博先生

2

❷深綠鹿角蕨系列的改良品種胖胖龍'Dragon Plump'。寬闊的孢子葉漂亮地向上伸展，波狀起伏的姿態宛如綠色火焰。❸雪后F303白金（P.'Platinum' Snow Queen F303）是立葉鹿角蕨和長葉鹿角蕨雜交而成的選育種。茂盛的孢子葉漂亮地向上伸展，與軟木樹皮之間的平衡也經過細緻考量。

4

5

6

❹馬來鹿角蕨附生在纏繞著藤蔓的軟木樹皮上，成長為挺拔壯碩的美麗植株。❺❻讓附生蘭、蟻植物、觀賞鳳梨和空氣鳳梨等附生在枝狀的軟木樹皮上，是一種極具環境價值的配置，並以這樣的狀態進行長期培育。❼基本上，冬季以外的季節是放在陽台上。採取背向室外的配置，避免強烈的陽光直射。從玻璃反射的光線則為葉片提供恰到好處的光照。❽同時也進行馬來鹿角蕨的孢子培養。

7

8

10

❾身為資深水族玩家的木村先生所管理的水族箱。在90cm寬的水族箱上方，除了小型鹿角蕨之外，還培育了其他觀葉植物。重現水陸相連的自然景色。❿水族箱內混養了好幾尾原生鬥魚「佩氏搏魚」。

9

透過穩定的室內環境
盡心打造美麗的鹿角蕨

pokomerry先生

在燈火通明的環境中栽培大量鹿角蕨的景象，相當令人印象深刻。pokomerry先生整修自家車庫，將其改造成鹿角蕨專用的培育室。雖然是位於東京市中心的獨棟房屋，但因為日照不足，所以主要是在室內進行栽培。

「室內栽培的好處在於一年四季都能輕易營造相同的環境，讓鹿角蕨得以穩定地成長。」pokomerry先生說道。他在屋內的牆邊和中央架起柵欄，並在天花板上設置了多種LED燈。關於燈光的波長，他表示現在仍處於測試各種類型的狀態，不過到目前為止，略帶暖色調的燈光已經產生了良好的效果。不只如此，他還設置了許多送風用的循環扇，培育出強健的植株。

pokomerry先生正式栽培鹿角蕨始於2020年的新冠肺炎疫情期間。他著迷於鹿角蕨多樣的姿態，於是開始收集不同的品種。雖然他擁有許多植株比較大型的鹿角蕨，如皇冠鹿角蕨和長葉鹿角蕨等，但最近也致力於侏儒種的培育。

「雖說是侏儒種，然而栽培這件事的難度與其他種類並無差異。」不過，愈是費心照料就愈能培育出漂亮的植株，所以有著些許不同的樂趣。此外，他還談到自己的抱負，希望今後能發揮品種的特性來進行栽培。他以葉片數量多、外形茂密緊湊的鹿角蕨為理想，似乎正在調整光照、水分和通風的平衡。pokomerry先生的挑戰仍將持續進行下去。

1

❶由車庫改造而成的培育室裡栽種著豐富多樣的品種。❷除了牆面之外，房間的中央部分也架設了柵欄並擺放植株。地板上則是放置反射墊，以提高柵欄下層部分的亮度。❸也系統性地栽培龍舌蘭植物中。藉由使用多盞LED燈以獲得充足的亮度。為了避免悶熱，還開啟循環扇。❹照顧子株的妻子。夫妻倆一起享受培育鹿角蕨的樂趣。

2

4

3

5

6

7

❺排列在客廳整面牆上的子株。植株生長期間要注意避免缺水的情形。❻培育子株時所使用的LED燈。主要使用具有暖色系波長的類型。❼將子株暫時種在花盆中，待根部生長到某種程度之後再上板。❽以3D列印機製作的小型和中型專用附生板「Z-Hego Pro」（yohei1572）。透氣性佳，預期能對根部的生長帶來良好的效果。❾還有以陶器製成的附生板（and.plants_pottery）。

8

9

10

❿培育了3年左右，長成大型植株的皇冠鹿角蕨。左右兩側長出的子株使其形成了阿修羅型。雖說是大型植株，卻與在東南亞當地所見的不同，孢子葉不會過度伸展，給人密集緊湊的印象。

與鹿角蕨相伴的生活 ● pokomerry先生

11

12

13

⓫長葉鹿角蕨的園藝種'Sri Peuak'。白色的孢子葉呈現出美麗的分岔，令人印象深刻。⓬大部分的孢子葉都漂亮地向上生長的立葉鹿角蕨系列品種。⓭從子株開始培育了2年的玉女鹿角蕨（孢子培養株）。孢子葉呈放射狀美麗地伸展。⓮寬闊的白色孢子葉向外開展的'Woot'。如果有孢子附著在葉片上，葉子的尖端會捲曲起來。

14

與鹿角蕨相伴的生活 ● pokomerry 先生

PLATYCERIUM LOVERS

花費心思塑造從正面看起來平衡優美的植株

藤川貴久先生（j39bo）

「因為種類的多樣性和栽培者的培育方式，即使是相同的品種，葉片也會形成截然不同的姿態，這種遊戲般的趣味正是我感受到的深奧魅力。」現居三重縣的藤川先生說道。

他雖然培育了許多鹿角蕨，但其中最喜愛的是變化豐富的長葉鹿角蕨。此外，他最近也被蝴蝶鹿角蕨、馬達加斯加鹿角蕨和四叉鹿角蕨等原生種散發的野趣所吸引。

藤川先生的栽培環境全位於室內，他一整年都在進行固定的培育工作。雖然他在主要的栽培空間設置了多盞LED燈，但這個空間有一大片玻璃窗，是個像日光室般的場所，因此，光照是由自然光和LED燈光所組成。尤其夏季時，由於太陽角度的關係，陽光照不進來，所以他會將正值孢子葉生長期的植株優先移至能均勻接收到LED燈光的地方。

此外，他還會使用照度計，在1萬～2萬勒克司之間調整出最適合的照度。

雖然他在社群網站上介紹了許多美麗的植株，但是要如何塑造出外形均衡的植株呢？

「在貯水葉生長期間多澆一點水，就很容易長出又大又漂亮的貯水葉。」他建議預先想像植株成長後的樣子來堆放水苔，或是配合植株的生長，在葉子下方填滿水苔並隨時調整形狀。此外，要塑造出漂亮的鹿角蕨，讓孢子葉左右對稱是必要條件。為了達到這個目的，光照必須從水平方向均勻照射，且使用照度計確認水平方向的亮度（勒克司）是否相同。藤川先生表示，往後仍希望透過社群網站向眾人傳遞鹿角蕨的魅力。

與鹿角蕨相伴的生活 ● 藤川貴久先生

1

❶有自然光灑落的栽培空間。

2

3

4

5

6

7

❷一走上樓梯就是寬廣的落地窗，自然光得以灑入室內，鹿角蕨則是妝點在各處。❸栽培柵欄的上方安裝了一整排的LED燈。以相同的間隔使用相同的製品，使亮度變得平均。❹使用照度計確認亮度。在1萬～2萬勒克司之間調整。❺在栽培專用的房間內設置網架，進行侏儒種等的培育。❻同時也在大型的塑膠盒中進行孢子培養。❼鹿角蕨的同好在藤川先生家中聚會。SmokeyWood的BOSS也參與其中，眾人相談甚歡。

032

8
9
10
11

與鹿角蕨相伴的生活 ● 藤川貴久先生

❽向上生長型的白色細窄孢子葉充滿魅力的艾莎鹿角蕨'Elsa'。雖然是立葉鹿角蕨的品種，但如果光照較強的話，孢子葉就無法朝水平方向展開，分岔也不會呈放射狀漂亮地伸展，所以採用的不是立葉鹿角蕨而是長葉鹿角蕨的光照環境來管理。❾美猴王鹿角蕨'Monkey King'是馬來鹿角蕨的園藝種，以寬闊的葉片和葉尖的波狀起伏為特徵。❿馬來鹿角蕨納諾'Nano'纖細修長的孢子葉充滿魅力。⓫長葉鹿角蕨的園藝種藍色小精靈'Smurf'。冠狀的貯水葉漂亮地向上立起，較短的孢子葉有深裂且緊湊地生長。

033

⓬只要注意溫度，就比較容易培育的蝴蝶鹿角蕨原生種。⓭長葉鹿角蕨的園藝種史考菲塔蘇塔'Scofield Tatsuta'（孢子培養株）。植株全體緊湊地生長。⓮在光照充足的條件下，培育出向上生長的翠鳥鹿角蕨'Kingfisher'，這是以立葉鹿角蕨為親本的園藝種。⓯有月光和2種Moonlight。它們都是長葉鹿角蕨系列的人氣品種。左上為月光爪哇，特徵是葉尖有細小的分岔。中央是Moonlight，生長時有深裂的孢子葉會橫向伸展且尖端朝外側捲曲。右下的Moonlight孢子葉有細窄的分岔，給人更加纖細的印象。

12

13

14

與鹿角蕨相伴的生活 ● 藤川貴久先生

034

5

PLATYCERIUM LOVERS

想將日本品質的植株
推廣至全世界

bigbell先生（big_bell.plants_aqua）

在大約10年前開始正式栽培鹿角蕨的bigbell先生。若說他在這個業界是相當資深的老手一點也不為過。關於鹿角蕨的魅力，他舉出3點：①它是附生種，會像立體的藝術作品一樣生長，②它會長出2種不同功能的葉子（欣賞的重點倍增），③根據培育方式，姿態會產生很大的變化。

據bigbell先生表示，栽培是在室內和戶外進行，但光照方面，他相當重視日照（侏儒種除外），會從冬季開始讓鹿角蕨慢慢地適應陽光。除了超過30℃的盛夏時期，多數品種都是以直射光培育；冬季時，白天也會將鹿角蕨放在戶外。至於溫度方面，在管理馬來鹿角蕨、皇冠鹿角蕨，以及它們的雜交種時，會避免讓環境低於14℃以下，而其他品種，則是在最低溫降到6℃以下時移入室內。

此外，值得關注的是，bigbell先生引進了為數眾多的侏儒種，並將其培育成狀態良好的植株。

「溫度、給水等基本的培育方法，與普通品種並無不同。侏儒種的植株雖然小，但因生長速度快，葉片又硬，所以每天的觀察和勤於修整很重要。」孢子葉的誘導，最好在葉子變硬前的早期階段以鐵絲和海綿等進行。此外，不要過度給予光照或肥料，也不能因為想要維持小型的植株就減少給水量。侏儒種系列長得小巧與肥料和給水無關，將它們培育得很茂盛，才會長得比較漂亮。尤其是孢子培養苗的侏儒種，貯水葉容易朝內側捲曲，但是藉由將水苔堆得稍微平坦一點，能讓貯水葉更美麗地展開。

今後，bigbell先生將繼續順應四季的變化來進行培育，他的目標是將日本品質的鹿角蕨推廣到全世界。

1

2

❶銀色的網架放置在有溫度管理的室內，架上排列著侏儒系列的鹿角蕨。看得出所有鹿角蕨的生長狀態都相當良好。❷照明器具使用的是Helios Green LED Pro。培育植物專用的面板式設計，可以照射出均勻的光線，也可以調光。❸庭院裡種了橄欖樹作為象徵樹，樹上吊掛著二歧鹿角蕨系列的齊森亨內'Ziesenhenne'。即便盛夏時期，也是藉由葉縫灑落的陽光生長。

3

4

5

6

038

❹bigbell先生也是知名的水族愛好者，以混養大型魚類為樂。在寬230cm的溢流水族箱中有長吻雀鱔和小鱗擬松鯛等在游動。❺深綠鹿角蕨'RP'（RodPattison）。這是來自澳洲的選育種，葉尖有細小分岔的類型。❻據說是源自野採長葉鹿角蕨的侏儒種'OMG'。白色的葉片有很多分岔，充滿魅力。❼雖然詳細的資料並未公開，但這株也是源自野採的長葉鹿角蕨是非常稀有的侏儒種。纖細的孢子葉向左右展開，尖端略微捲曲，彷彿在捕捉光線。❽細菌鹿角蕨'Bacteria'的孢子培養株。伸展出許多纖細修長的孢子葉，且緊湊地生長。❾珍妮鹿角蕨是由泰國進口的侏儒園藝種。特徵是分岔很多的白色孢子葉。

7

8

9

與鹿角蕨相伴的生活 ● bigbell先生

10

11 12 13

14

15

❿bigbell先生的原創品種自由鹿角蕨'Freedom'，是以卡洛斯・龍田先生（Carlos Tatsuta）培育出的長葉鹿角蕨為親本，與多分岔型品種雜交培育而成。從其孢子培養株當中，選擇出具有不同特徵的植株予以命名。以白色葉片均衡生長的姿態為特徵。⓫炎熱的盛夏時期，多數植株是放在室內管理。⓬⓭在室內的栽培空間中，除了鹿角蕨之外，還培育了空氣鳳梨、塊根植物和鳳梨科植物等。⓮這是長葉鹿角蕨的變異種mutasi01。來自印尼野生鹿角蕨的選育株，修長的孢子葉伸展而出且漂亮地往下垂。⓯6年前購入的立葉鹿角蕨，資料不詳。尖銳的貯水葉和葉尖有細小分岔的孢子葉，兩者的組合十分美麗。

與鹿角蕨相伴的生活 ● bigbell先生

6 PLATYCERIUM LOVERS

在客廳欣賞華麗成長的群生株

中島 強先生（tomtom_green）

將鹿角蕨培養得碩大且強健是中島先生所奉行的原則。裝飾在客廳中的原生種長葉鹿角蕨左右兩側的子株形成華麗的群生株，極具觀賞價值。雖然最近小型品種有大受歡迎的傾向，但是看到這樣的大型植株時，可以感受到鹿角蕨所擁有的生命力和叢林特有的神祕感。

中島先生是在2020年左右新冠肺炎疫情期間開始正式栽培鹿角蕨。他在自家的屋頂搭建了2座溫室，主要是利用自然光進行培育，而侏儒種和不耐熱的品種則是放在專門的栽培室內。戶外管理方面，進行50%左右的遮光，夏季期間會24小時開啟工業用循環扇，使空氣流通。

「室內培育的優點是可以調整成特定的環境，進行穩定的生長管理，但戶外栽培時，陽光的效果卻更為出色。」中島先生說道。他認為自然光能從各個方向提供充足的光照，讓植株生長得強健且容易繁衍出子株。

不過，在戶外管理時必須注意冬季的寒冷。理想溫度是15～30°C，但也有許多強健的品種可以稍微忍受寒冷或炎熱。只是如果處於達到降霜程度的低溫中，即使是強健的品種，狀態也可能會變差。

「希望目前我所管理的鹿角蕨全都形成群生株！」這已經成為中島先生的目標。他說想要盡可能保持植株的自然外觀，不經人工改造，任由子株和枯葉都維持原貌，以欣賞鹿角蕨的自然姿態。

此外，他希望10年或20年後還能繼續栽培這種美麗的植物。並在多年之後，精心培育出像盆景般富有時代感的鹿角蕨。

與鹿角蕨相伴的生活 ● 中島強先生

❶裝飾在客廳的印尼產長葉鹿角蕨。碩大的植株極具看頭。

1

2

3 4

5

6

❷為種植在屋頂塑膠棚溫室中的植株澆水。盡量在水苔完全乾燥之前給水。❸讓工業用循環扇運轉，使空氣流通。❹給水時，使用經由RO淨水器過濾的新鮮水。❺侏儒種放在室內細心照料。使用LED燈光從上方和斜上方照射，並以循環扇吹送和緩的風。❻比較不耐熱的植株等放在栽培室中管理。以前會使用金屬鹵化物燈，現在則改用LED燈。

7

8

9

10

與鹿角蕨相伴的生活 ● 中島強先生

❼以捲捲鹿角蕨為親本交配出的幽靈鹿角蕨'Ghost'。星狀毛很多的孢子葉向上生長，葉尖向下垂落。❽深綠鹿角蕨系列的園藝新種歐喬'Aor Chao'。這是由泰國進口的品種。❾孢子培養株的馬達加斯加鹿角蕨。不喜高溫，所以要放在略低的溫度中管理。❿立葉鹿角蕨系列的翠鳥。以細長伸展的白葉為特徵。

045

11

12

046

13

15 14

16 17 18

與鹿角蕨相伴的生活●中島強先生

⓫裝飾在房間內的尖竹汶鹿角蕨'Chanthaboon'大型植株。這是捲捲皇鹿角蕨和馬來鹿角蕨的雜交種，有很多分岔的孢子葉尖端呈捲曲狀，呈現出原生種所沒有的獨特氛圍。⓬左起分別是長葉鹿角蕨峇里'Bali'、椰子樹鹿角蕨、捲捲鹿角蕨。全是放在遮光下的室外管理，每株都長得碩大又強健。⓭以苔球培植的深綠鹿角蕨龍'Dragon'（孢子培養株）。⓮附生在一塊軟木樹皮上的粉雪鹿角蕨（上．董山鹿角蕨×皮陳鹿角蕨）和吹雪鹿角蕨（下．皮陳鹿角蕨×長葉鹿角蕨）。⓯客廳裡還有一個細心管理的水陸生態缸。水缸裡的主角是美麗的橫紋神仙魚。⓰假日是全家團聚的時光，與妻子梢、長女和花、長男新太共度。⓱⓲中島太太熱中於飼養爬蟲類。她養了肥尾守宮和湯瑪士王者蜥。

047

7 PLATYCERIUM LOVERS

鹿角蕨是追求個性美的生活藝術

kiyoshi先生（bk_kiyoshi）

因為葉片形狀而散發強烈的獨特性，堪稱是活生生的藝術品，如此形容鹿角蕨的kiyoshi先生是培育了眾多品種的頂級愛好者。他在自家客廳的整面牆上掛滿了個性豐富的鹿角蕨。此外，他還在庭院裡搭建了溫室，並在另一個房間和陽台上闢出栽培空間，擁有數量驚人的植株。kiyoshi先生的過人之處在於他不僅栽培大量植株，還深入了解每個品種和個體的特性，針對不同特性採用適合的栽培方法，培育出堪稱藝術品的美麗植株。

以光照為例，在戶外管理時，要將立葉鹿角蕨、立葉鹿角蕨系列的雜交種和馬來鹿角蕨等放在日照充足的場所（夏季時需要約50%的遮光）。深綠鹿角蕨、圓盾鹿角蕨和小型植株則放在陽光不會太強的場所（春、夏、秋季時需要約50%的遮光）。冬季時，只要氣溫適宜，即使陽光直射也沒問題。室內管理的LED燈，主要是使用AMATERAS的20W和10W。立葉鹿角蕨系列和馬來鹿角蕨等要放在最亮的場所，而深綠鹿角蕨系列等則要將光照強度調得比前者低一階。

「要培育出漂亮的植株，除了光照之外，給水、通風、溫度、濕度和肥料也是相當重要的因素。由於每個品種所需的條件略有不同，所以只能各種方法都試試看。雖然我也還處於在錯誤中摸索的階段，但那正是最讓人樂在其中的環節。」kiyoshi先生笑著說道。今後他想成為能夠充分發揮鹿角蕨原有特性和潛力的栽培家。此外，他希望透過社群網站將鹿角蕨的藝術特質傳遞給更多人。

1

2

❶掛滿整面牆的鹿角蕨。為了讓下層植株也獲得充分的光照,特別裝設了 LED 燈。❷一整排 AMATERAS 的 LED 燈照射出明亮的燈光。清爽的泛白光灑在鹿角蕨上,突顯出鮮明的葉色。

3

4

5

❸庭院裡搭建了溫室，戶外區域也培育著鹿角蕨。這裡也有設備完善的LED燈，在冬季等光照不足的時候補充光源。冬季期間還會添加電熱器進行溫度管理。❹同時在栽培室中挑戰孢子培養。❺稀有的斑葉馬來鹿角蕨。孢子葉和貯水葉都有明顯的斑紋。❻逐一觀察植株的kiyoshi先生。辨視植株的變化是重要的工作。順便一提，據說要為全部的鹿角蕨澆水需花費4小時。❼栽培室中的植株，需要較強光量的品種排列在一起。

6

7

8

9

10

11

與鹿角蕨相伴的生活 ● kiyoshi先生

❽細菌鹿角蕨的孢子培養株。細小的孢子葉有無數分岔的超級侏儒種。❾玉女鹿角蕨的孢子培養株,葉片生氣蓬勃地開展。❿以覆滿絨毛的白色葉片為特徵的珍妮鹿角蕨。⓫喜愛較高濕度的馬達加斯加鹿角蕨。照顧3年左右後,子株也增多了。

051

12

13

14

15

⓬野採立葉鹿角蕨有著向上立起的修長孢子葉和些微波狀起伏的貯水葉。⓭雪后鹿角蕨系列之一，由皮陳鹿角蕨選育而成的馬塔塔鹿角蕨'Hakuna Matata'。有孢子囊附著的葉尖呈捲曲狀。⓮被稱為怪物銀葉的立葉鹿角蕨＃1。貯水葉的銳利葉尖充滿魅力。⓯佩德羅鹿角蕨'Pedro'的孢子葉通常呈下垂狀態，很難長得漂亮。藉由調整光線，塑造出向上伸展的美麗植株。

16

17

18

19

⓰以寬闊的孢子葉為特徵的銀華鹿角蕨'Ginka'（孢子培養株）。連續展開17片孢子葉的植株。⓱深綠鹿角蕨系列之一，由泡泡鹿角蕨'Paopao'和龍鹿角蕨雜交而成的魔鬼龍鹿角蕨'Devil Dragon'。當孢子葉完成生長後，葉尖部分會微微捲曲。⓲雪后F306的水手月鹿角蕨'Sailor Moon'，但是與當地介紹的植株姿態截然不同。植株的葉片較短且長得很緊湊。⓳白虎鹿角蕨'White Tiger'。有著金屬質感的寬闊葉片，一旦有孢子附著時就會朝內側大幅地捲曲。

與鹿角蕨相伴的生活 ● kiyoshi先生

8 PLATYCERIUM LOVERS

提高生長速度
培育出漂亮的植株

babyface先生（baby_face_1107）

先引進現今大受歡迎的長葉鹿角蕨系列侏儒種的babyface先生，藉由高效率的培育方式，在日本展示了這些品種成為範本的植株姿態。目前，他將各式各樣的侏儒種放在專用的栽培室中管理，而其他品種則大多栽培在自家屋頂。

babyface先生很早以前就開始種植果樹、蘭花和鳳梨科植物等，以其長年的園藝資歷為傲。他說，鹿角蕨的生長特別快速，短期內就會展現培育的成果，因此擁有異於其他植物的魅力。

「栽培鹿角蕨時，生長速度是關鍵因素。尤其培育子株的階段，若能提高生長速度，植株就會變得更加強健，進而長成優美的姿態。」他說道。「葉子是在根部發展之後才生長出來。」這句話說明了肉眼看不見的根部有多麼重要。子株時期的重點就在於充分培育其根部。

在子株只有約1～2片的孢子葉時，先花3個月的時間照料。將植株放在沒有強光的場所，並保持高濕度的狀態，讓根系充分發展。之後，用半年時間促使植株迅速生長。這段期間可以使用有助於根部發育的肥料，或是在葉片部位施用液肥。然後再花半年左右的時間，讓植株長到相應的尺寸，接下來就進入將植株塑造成心中理想形態的階段，以上便是培育的時間表。

babyface先生現在仍致力於新品種的培育。大約10年前，除了原生種之外，只有20種左右的鹿角蕨在市面上流通，但現在僅是長葉鹿角蕨系列就有數百種以上的類型。收集最先進的情報、培育從未見過的品種，babyface先生身為業界的領頭羊，往後仍會持續往前邁進。

1

2

❶侏儒種整齊並排的鹿角蕨專用栽培室。雖然利用LED燈和空調設備打造了穩定的生長環境，但同時也運用了製造晝夜溫差的技術。❷夏日陽光灑落在自家屋頂，荔枝即將成熟採收。而鹿角蕨在遮光環境中健康茁壯地成長。

055

3

4

❸細菌鹿角蕨的孢子培養株並列成排。其特點是水苔的用量較少，並堆成平面狀。❹柵欄上培育中的玉女鹿角蕨孢子培養株。貯水葉和孢子葉一起展開漂亮的形狀。❺已經充分生長的玉女鹿角蕨。雖然緊湊地生長，但植株葉片數量很多，頗具觀賞價值。❻雖然與上圖一樣都是玉女鹿角蕨，卻是在照度稍低的環境中培育而成的植株。孢子葉的尖端略微下垂。也有人比較喜歡這種類型。

5

6

與鹿角蕨相伴的生活 ● babyface先生

057

❼就像寶石蘭一樣，沿著葉脈呈現淺色紋路的魚骨鹿角蕨。由長葉鹿角蕨「瓦差拉'Watchara'」播孢繁殖而來的突變體。❽葉片背面也看得到葉脈的紋路。❾侏儒黃月鹿角蕨'Yellow Moon Dwarf'。在泰國培育出的新孢子侏儒選育種。具有較為寬闊的白色孢子葉，葉端有很多分岔。❿2023年春天進口的侏儒藍皇后鹿角蕨'Blue Queen Dwarf'。因為是孢子培養的選育株，所以很期待它未來的生長狀態。⓫來自台灣的金童鹿角蕨'Gold Boy'。原本是野採的侏儒種，屬於市面上極少流通的稀有種。密集生長成比玉女鹿角蕨更小型的植株。⓬從台灣釋出的月光爪哇鹿角蕨。其孢子葉的葉尖有細長分岔，整體成長為緊湊且帶有圓潤感的形態。

12

與鹿角蕨相伴的生活 ● babyface先生

CHAPTER

2

The latest collection
of Platycerium

鹿角蕨的
最新收藏73品

這裡完整刊載了SmokeyWood的野本先生及其線上沙龍的會員全力施展本領所栽培出來的鹿角蕨。內容匯集在日本培育而成的美麗植株形態和品種的特徵，以及各個栽培家對鹿角蕨的想法或培育方式。

COLLECTION NO. 1

JENNY
珍妮鹿角蕨
Platycerium willinckii 'Jenny'

栽培者／野本榮一（SmokeyWood）

這是泰國培育家 Yot 先生親手栽培出來的長葉鹿角蕨侏儒種。它也被視為超級侏儒種的先驅品種而聞名。其特徵為覆蓋著大量絨毛的白色孢子葉較短且有許多分岔，以及適度伸展的貯水葉。2017 年剛引進時，曾嘗試減少澆水的策略，但生長情況不佳，所以採下子株以不同的方法重新培植，才終於培育出狀態良好的植株。

COLLECTION NO.2

ALICE

艾莉絲鹿角蕨

Platycerium willinckii 'Alice'

栽培者／野本榮一（SmokeyWood）

長葉鹿角蕨孢子培養株的選育種。有著緊密生長的外觀，其左右伸展且下垂的孢子葉與向上伸長且具有深裂的貯水葉，兩者呈現良好的平衡。

COLLECTION NO. 3

IZANAGI & IZANAMI

伊弉諾鹿角蕨　　伊弉冉鹿角蕨
Platycerium willinckii 'Izanagi'　　*Platycerium willinckii* 'Izanami'

栽培者／野本榮一（SmokeyWood）

這是在印尼的某座山上採集到的野生緊湊型鹿角蕨。野本先生在觀看與他交情深厚的爬蟲類供應人所拍攝到的爬蟲類活體照片時，發現背景中出現了某種前所未見的奇妙鹿角蕨。周圍是長葉鹿角蕨群生的地方，而那株奇妙的植株就附生在樹木中段的橫枝上。此外，在分隔較遠的不同地點也有相同的植株，於是分別採集了這些植株的子株。之後，培育了1年半左右就成了現在這個個體。一般認為或許是受到某些影響而發生突變的個體群。

伊弉諾（2023.9.1）

伊弉諾（2023.5.11）

野本先生覺得這是神明安排的相遇，所以將它們命名為「伊弉諾」、「伊弉冉」。生長之後，小小的孢子葉一度以聚集成簇的形態展開，但隨後逐漸伸長並下垂，一般認為目前的樣子是最終形態。培育方式基本上是以原生環境為標準，避免高溫，並保持通風良好。肥料方面只施用有機肥料，光照方面則經常照射有助於光合作用的紅色系LED燈光。今後的目標是在不破壞這個植株潛力的前提下培育它，使其群生。計劃重現在原產地所見到的景象。

伊弉冉（2023.5.11）

伊弉冉（2023.9.1）

COLLECTION NO. 4

DIAO
迪奧鹿角蕨
Platycerium 'Diao'

栽培者／野本榮一（SmokeyWood）

由立葉鹿角蕨和深綠鹿角蕨雜交而成的品種，遺傳了雙方的特徵。緊湊可愛的外型充滿魅力。因為繼承了強健親本的特性，所以栽培起來比較容易。

COLLECTION NO. 5

UNICORN
獨角獸鹿角蕨
Platycerium 'Unicorn'

栽培者／野本榮一（SmokeyWood）

向上生長的孢子葉令人聯想到獨角獸的犄角，以此為特徵的獨角獸鹿角蕨是立葉鹿角蕨「銀葉」的選育種。培育時要從正上方照射稍強的燈光。

COLLECTION NO. 6

CALM
平靜鹿角蕨
Platycerium willinckii 'Calm'

栽培者／野本榮一（SmokeyWood）

由BOSS的孢子培養株中選育而成的美麗小型種。其特徵為鮮綠色的孢子葉，葉尖呈細小分岔，有孢子附著時會朝外側捲曲。

COLLECTION NO. 7

ALCICORNE VASSEI

細葉馬達加斯加圓盾鹿角蕨

Platycerium alcicorne vassei

栽培者／野本榮一（SmokeyWood）

在非洲大陸東部和馬達加斯加島自然生長的圓盾鹿角蕨原生種。其中，產自馬達加斯加島的圓盾鹿角蕨又稱為「Vassei」，貯水葉上有波狀起伏的溝槽。這株鹿角蕨培育了約7年，從未拆下子株，一直維持著它自然的姿態。

COLLECTION NO. 8

ELLISII

愛麗絲鹿角蕨

Platycerium ellisii

栽培者／野本榮一（SmokeyWood）

愛麗絲鹿角蕨是在馬達加斯加島東部沿岸自然生長的原生種，具有充滿光澤的圓形貯水葉以及分岔較少且寬闊的孢子葉。附生在枝狀軟木樹皮上的植株已成長為帶有子株的群生株。

COLLECTION NO. 9
QUADRIDICHOTOMUM
四叉鹿角蕨
Platycerium quadridichotomum

栽培者／野本榮一（SmokeyWood）

很少在市面上流通的馬達加斯加島產原生種。原生地有明顯的雨季和乾季之分，會在乾季時休眠。在日本栽培時，可以將冬季視為乾季，減少給水（每個月給水1次左右）的話，孢子葉的兩側會向內捲曲，呈現有如枯萎的狀態。春季氣溫上升後，孢子葉就會恢復原狀，重新開始生長。

冬季的休眠期

COLLECTION NO. 10

AURBURN RIVER

奧本河立葉鹿角蕨

Platycerium veitchii 'Aurburn River'

栽培者／野本榮一（SmokeyWood）

在澳洲東部和東南亞自然生長的立葉鹿角蕨選育株。覆蓋著星狀毛的細長孢子葉向上立起，帶有深裂的貯水葉也令人印象深刻。任它長成群生株的話會伸展出許多尖銳的葉子，優美的姿態極具觀賞價值。

COLLECTION NO. 11

HAWAIIAN WILD

野採夏威夷鹿角蕨

Platycerium 'Hawaiian Wild'

栽培者／野本榮一（SmokeyWood）

採摘在夏威夷歐胡島自然生長的植株所培育而成的個體。它被認為源自二歧鹿角蕨，是強健又容易照料的類型。孢子葉較為細長，帶有深裂的尖端往下垂。

COLLECTION NO.12

BIFURCATUM

二歧鹿角蕨
Platycerium bifurcatum

被當做美容院招牌的二歧鹿角蕨群生株。雖然置於陽光直射、雨水澆淋的室外環境，但二歧鹿角蕨依然能夠忍受這樣嚴苛的環境而繼續生長。軟木樹皮是寬約120cm的巨大尺寸。

栽培者／野本榮一（SmokeyWood）

MY METHOD　野本榮一（現居大阪府）

野本先生是SmokeyWood的負責人和線上沙龍的主辦人。雖然他以BOSS這個暱稱廣受歡迎，但其實他不僅販售進口植株，同時也是個備受尊敬的栽培家。除了不易取得的原生種，也擁有許多獨特的選育株或雜交種，並將其培育成緊湊美麗的姿態。此外，從鹿角蕨附生在軟木樹皮上的自然配置中，也可看出他對於細節的講究。至於栽培環境方面，野本先生在室內、溫室、戶外都設置了空間，並依據品種的特性進行培育：侏儒種主要利用室內的LED燈管理，原生種系列在日照充足的屋頂溫室，而立葉鹿角蕨和馬來鹿角蕨系列則置於遮光下的戶外區域。由於LED燈必須是適合培育植物的類型，因此主要使用獨創的「GRANSOLE」以照射出均勻的燈光，但同時也併用其他廠牌的LED燈。給水方面，採用浸泡的方式，待水苔乾了之後才將植株泡在水中。給水時要使用新鮮且含氧量高的水。肥料基本上是使用有機肥料P.FOOD，不太使用會讓葉子長得過大的液肥。

COLLECTION NO. 13
SS FOONG
椰子樹鹿角蕨
Platycerium 'SS Foong'

栽培者／出口一實（d.g.c_8）

這是知名培育家馮先生創作出來的一個熱門品種。特徵為孢子葉的葉尖有許多分岔，而這個植株的孢子葉較短且緊湊地生長。

COLLECTION NO. 14
HORNE'S SURPRISE
非非鹿角蕨
Platycerium 'Horne's Surprise'

栽培者／出口一實（d.g.c_8）

這是馬達加斯加鹿角蕨和細葉馬達加斯加圓盾鹿角蕨的雜交種。貯水葉和孢子葉分別展現各自的特徵。這個品種比較容易培育，即使是新手也能安心栽培。

MY METHOD 　出口一實（現居大阪府）

擁有約40株鹿角蕨。如果要培育出漂亮的姿態，重點在於盡可能讓光線均勻照射。而培育的場所，春季放在朝南的陽台，夏季～秋季放在朝北的陽台（因為太陽從公寓的正上方通過，所以可獲得最長的日照時間），冬季則移至室內管理（搭配使用LED燈、循環扇和吊扇）。春季氣溫超過20°C時，會將鹿角蕨從室內移到室外；夏季於室外使用遮光率約65%的遮光網。秋季持續在室外管理，直到氣溫下降時（最低18°C左右）再移進室內。給水方面，待水苔乾了之後才充分給水。固態肥料使用魔肥（MAGAMP）、Penta Garden Pro和蝙蝠糞肥料，液態肥料使用微粉HYPONeX。

COLLECTION NO. **15**

KHUNPHON

坤噴鹿角蕨

Platycerium hillii 'Khunphon'

栽培者／Akio（Akio_magic）

這是深綠鹿角蕨的園藝種，以孢子葉的波狀起伏為特徵。帶有光澤的寬闊葉片十分美麗，已培育成緊湊生長的植株。使用斜放的半圓筒形軟木樹皮，也展現出避免單調的配置巧思。今後計劃讓左右子株繼續生長，使其群生。

MY METHOD 　Akio（現居大阪府）

除了坤噴鹿角蕨，還有培育馬來鹿角蕨、E-1鹿角蕨、棉雲鹿角蕨'Cotton Cloud'、風神鹿角蕨和玉女鹿角蕨等。培育場所設在客廳和陽台。會視季節逐漸轉換環境：春季和秋季將植株放在不遮光的陽台接收日照，夏季和冬季則放在室內以LED燈管理。LED燈注重的是數量而非品質，所以要盡可能廣泛地給予光照。照射時間是17小時，而室內的循環扇是24小時運轉。給水方面，如果拿起植株時變得很輕，就要用澆花灑水器充分澆水。肥料的話，換板時施用有機肥料P.FOOD和緩效性化學肥料，液態肥料則是數個月～半年施用1次。

COLLECTION NO. 16

FUJIN
風神鹿角蕨
Platycerium hillii 'Fujin'

栽培者／森田訓光（kunimo777.plant

深綠鹿角蕨的園藝種。相較原生種，孢子葉較短，特徵為立起的葉片全都呈波狀起伏。深綠鹿角蕨系列如果培育成大型植株會很好看，所以讓它附生在較大的板狀軟木樹皮上面。

COLLECTION NO. 17

JYNX
迷唇姐鹿角蕨
Platycerium 'Jynx'

栽培者／森田訓光（kunimo777.plants）

從泰國引進的深綠鹿角蕨系列的雜交種。寬闊的葉片帶有光澤，十分美麗。長成大型植株時，孢子葉的尖端會往下垂。

MY METHOD　森田訓光（現居大阪府）

基本上是採行室內培育。在春季到秋季這段期間，天氣晴朗的時候，有時會移至陽台。在室內培育的情況下，要用LED燈每天照射11小時。燈具安裝在距離牆面約50cm的天花板軌道上，且使用聚光型LED燈。陽台要張掛遮光率50%的遮光網，並將植株背對東方擺放。給水方面，待堆肥乾了之後再進行；在室內時要浸泡在水中，放置在陽台時則使用澆花灑水器。自來水要用水族箱專用的淨水器過濾，以免鈣質殘留在葉片上。固態肥料在換板時適量施用。液態肥料則是在每隔幾次給水時使用1次，並添加至浸泡用的水桶中。

COLLECTION NO.18
PEGASUS
飛馬鹿角蕨
Platycerium 'Pegasus'

栽培者／長谷川望（no20m_h）

二歧×深綠鹿角蕨'Diversifolium'與長葉鹿角蕨的雜交種。深綠色的孢子葉先是向上生長，到了中段後開始下垂，形態宛如飛馬展翅。充分展現出品種的個性。

COLLECTION NO.19
METEOR SHOWER
流星雨鹿角蕨
Platycerium 'Meteor Shower'

栽培者／長谷川望（no20m_h）

皮陳鹿角蕨和貓路易斯鹿角蕨交配後誕生的園藝種。帶有深裂的孢子葉呈放射狀伸展，形成了姿態均衡優美的植株。

COLLECTION NO. 20

AKKI
阿奇鹿角蕨
Platycerium veitchii 'Akki'

栽培者／長谷川望（no20m_h）

銀鹿鹿角蕨和野採立葉鹿角蕨的雜交種。有好幾個大分岔的孢子葉略微向上生長，整體均衡地伸展開來。

COLLECTION NO. 21

UNDULATE FRONDS
波狀葉鹿角蕨
Platycerium alcicorne 'Undulate Fronds'

栽培者／長谷川望（no20m_h）

由馬達加斯加圓盾鹿角蕨選育而成的品種。這種類型的鹿角蕨相當罕見，孢子葉不僅葉尖，甚至從基部就呈現波狀起伏。植株的姿態充滿特色，令人印象深刻。

MY METHOD　長谷川望（現居大阪府）

培育出漂亮外形的訣竅在於具備均衡的光照和通風。放置的場所，春季到秋季期間主要是在公寓的陽台（朝南），另有部分是放在室內。冬季時，會將全部的植株移入室內。光照方面，室外會使用遮光率60％的遮光網，防止植株曝曬在直射的陽光下。而置於室內的，則使用培育植物專用的LED燈照射13小時。給水的時間點，是根據水苔的狀態和植株的重量來判斷，如果水苔看起來好像乾了，就拿到浴室以蓮蓬頭澆水。室內必須經常開啟循環扇，但不要直接對著植株，而是朝向天花板送風。施肥方面，春季時，可在水苔表層和貯水葉間隙施用固態肥料，並每2週左右施用1次液態肥料。

COLLECTION NO.22

KRAKEN
克拉肯鹿角蕨
Platycerium 'Kraken'

栽培者／北浦翔心

由深綠鹿角蕨的卓蒙德'Drummond'和呼拉短手指'Hula Hands'交配而成的品種。深綠鹿角蕨系列特有的寬闊孢子葉散發著光澤，茂盛的葉片展開形成群生株。花了3年左右的時間將從泰國進口的小植株培育成大型植株。肥料要多用一點，並定期追加固態和液態肥料。

COLLECTION NO. 23

DRAGON
龍鹿角蕨
Platycerium 'Dragon'

栽培者／北浦翔心

龍鹿角蕨是深綠鹿角蕨的園藝種，這是它的孢子培養株。已長出許多寬大的孢子葉，成為豐茂的大型植株。

COLLECTION NO. 24

PAOPAO × DRAGON
泡泡龍鹿角蕨
Platycerium hillii 'Paopao × Dragon'

栽培者／北浦翔心

由同樣以深綠鹿角蕨為親本的2種園藝種雜交而成。孢子葉的尖端分岔之後變得細長，並往前方下垂。這株鹿角蕨也是培育成葉子又多又茂盛的姿態。

COLLECTION NO. 25

FIRE CRACKER

鞭炮鹿角蕨
Platycerium 'Fire Cracker'

栽培者／北浦翔心

二歧鹿角蕨的園藝種。冬季時，向外舒展的孢子葉會往下垂落；夏季時，則會朝上生長。培育成帶有自然感、生氣蓬勃的植株。

> **MY METHOD** 北浦翔心（現居奈良縣）

我的理念是：在栽培過程中結合對環境的理解、管理方法以及植株的狀態，培育出具有存在感的大型植株或群生株。平時全年都將鹿角蕨放在朝南的庭院溫室裡，只利用陽光栽培。給水方面，子株或生長優先株要在水苔即將變乾之前浸泡在水中。而母株或改造株，若處於孢子葉的生長期，就在水苔稍微乾燥時給水；若處於貯水葉的生長期，則在水苔即將乾掉前給水。通風方面，為了避免悶熱，會在鹿角蕨的上方附近安裝小型鋁扇，並在下方設置工業扇，稍微往上吹風，盡量使整體空氣流通。肥料方面，在春、秋、冬季施用固態有機肥料。除了7～8月之外，會觀察植株的情況，同時施用液態有機肥料，尤其是在貯水葉的生長期，會增加液態肥料的施用頻率，以促進之後孢子葉的生長。無論哪種情況都會將液態肥料稀釋得薄一點，並搭配使用活力劑。

COLLECTION NO. 26

JADE GIRL
玉女鹿角蕨
Platycerium willinckii 'Jade Girl'

栽培者／babyface（baby_face_1107）

採自印尼的爪哇島，由台灣釋出的超級侏儒種。緊湊的貯水葉和分岔多且向左右伸展的纖細孢子葉充滿魅力。孢子培養株已經開始上市，且流通量正逐漸增加。

COLLECTION NO. 27

GOLDBOY
金童鹿角蕨
Platycerium willinckii 'Gold Boy'

栽培者／babyface（baby_face_1107）

作為與玉女鹿角蕨配成一對的侏儒種，被命名為「金童鹿角蕨'Gold Boy'」的品種。雖然株體的形態和特性與玉女鹿角蕨相似，但尺寸比玉女鹿角蕨小了一圈，且生長得更緊湊，此外，分岔也比較多。

COLLECTION NO. 28

FISHBONE
魚骨鹿角蕨
Platycerium 'Fishbone'

栽培者／babyface（baby_face_1107）

由長葉鹿角蕨系列品種的孢子培養中出現的突變種。這種全新類型的鹿角蕨葉片上會有沿著葉脈浮現的紋路，是相當稀有的品種。很期待這個植株今後的生長狀況。目前市面上流通的是小型植株，有時幼株的體質較柔弱，因此栽培的難度偏高。

COLLECTION NO.29
YELLOW MOON DWARF
侏儒黃月鹿角蕨
Platycerium willinckii 'Yellow Moon Dwarf'

栽培者／babyface（baby_face_1107）

誕生自泰國的孢子培養株的侏儒選育種。略微寬闊的孢子葉上披覆著星狀毛，葉片末端有為數眾多的分岔。

COLLECTION NO.30
EMMA
艾瑪鹿角蕨
Platycerium 'Emma'

栽培者／babyface（baby_face_1107）

這是由泰國進口的品種，交配資料不詳。細長延伸的孢子葉雖然不規則地伸展，卻呈現出規律的波狀起伏，十分有趣。

MY METHOD　babyface（現居大阪府）

如果只是讓栽培環境近似鹿角蕨的原生地，這樣是不夠的。藉由調整光照、給水、肥料和溫度等栽培條件，可以引導出植株在原生地無法展現、與生俱來的潛力。而唯有透過想方設法及不斷嘗試，才能找到最適合的培育條件。以肥料為例，在氮、磷、鉀這三大要素中，能使根部生長狀態良好的磷和鉀很重要，所以施肥時要避免氮的成分過多。我目前使用化學肥料作為基肥，每2～3個月一定會施用1次固態肥料進行追肥。追肥以逐次少量定期進行為佳。如果施肥不規律，會導致植株養分吸收不均，進而容易造成葉片生長失衡。在冬季低溫期間，施肥要減量。

COLLECTION NO. **31**

E-1
E-1鹿角蕨
Platycerium bifurcatum 'E-1'

栽培者／吉本昭生

以相對耐寒又耐熱的二歧鹿角蕨為親本的園藝種，栽培難度不高。特徵是長有覆蓋著大量星狀毛的白色孢子葉。擁有許多分岔的葉片美麗地伸展開來。

COLLECTION NO. **32**

KHUNPHON
坤噴鹿角蕨
Platycerium hillii 'Khunphon'

栽培者／吉本昭生

寬大且偏硬挺的葉片往上生長的深綠鹿角蕨園藝種。波狀起伏的葉子呈放射狀漂亮地伸展。貯水葉通常也能長得很大。

COLLECTION NO. **33**

MANORA
馬諾拉鹿角蕨
Platycerium 'Manora'

栽培者／吉本昭生

由泰國進口的園藝種。細長的孢子葉向四方伸展的類型，給人一種優雅的印象。孢子葉的尖端略微捲曲。

COLLECTION NO. **34**

OMO
白色戀人鹿角蕨
Platycerium 'Omo'

栽培者／吉本昭生

長葉鹿角蕨和二歧×深綠鹿角蕨的雜交種。這是漂亮的孢子葉向外伸展的品種，厚厚的葉子上覆有許多星狀毛，看起來就像是白色的葉子。

MY METHOD	吉本昭生（現居大阪府）

勤於觀察和打造舒適的環境是培育出漂亮植株的關鍵。我所栽培的鹿角蕨全都是置於室內管理。我會將栽培室中的窗簾完全拉開，盡可能納入自然光，與此同時從日出到日落都使用植物專用的LED燈。給水方面，則是觀察水苔的乾燥程度和葉子的狀況，在水槽裡以澆花灑水器給水。通風方面，使用吊扇和3台循環扇，盡量由各個不同的方向送風。肥料使用的是P.FOOD和MAGAMP K。會在換板和拆下子株的時候施肥，此外平時也會定期追肥。

COLLECTION NO. 35

CALM
平靜鹿角蕨

Platycerium willinckii 'Calm'

栽培者／ryogabc

長葉鹿角蕨的播孢選育種。伸展而出的修長孢子葉令人印象深刻，葉子的末端呈扇形且具有細小分岔。充分展現了品種的特色，培育出形態優美的植株。

MY METHOD   ryogabc（現居沖繩縣）

培育出優美外型的訣竅在於均勻地照射光線。上板的時候，需留意不要將水苔堆得太高，要讓根部盡快生長到板材或軟木樹皮上。目前栽培場所是在室內。溫度方面，全年使用空調保持在25℃。光照方面，每天從植株的正上方和略偏前方之處照射LED燈15小時。此外，也會大約每週1次將鹿角蕨移到室外曬太陽。給水的話，是利用浴室的蓮蓬頭澆水，並盡量讓水苔裡也飽含水分；較小的植株是3天1次，較大的植株則是7～10天1次。通風方面，使用循環扇，以擺頭的方式運轉，風力強度設定在孢子葉會稍微搖晃的程度。肥料的話，混合2～3種固態肥料放置在貯水葉後面。也會定期使用液態肥料。

COLLECTION NO. 36
WALLICHII
蝴蝶鹿角蕨
Platycerium wallichii

在東南亞自然生長的原生種。具有寬大的孢子葉和皇冠型的貯水葉。冬季期間，孢子葉會向內側捲曲並進入休眠狀態，而氣溫上升時，葉子則恢復原狀。以當地的野生植株為構想，製作成好像垂墜在樹上的樣子。

栽培者／土肥淳

MY METHOD　　土肥淳（現居福井縣）

除了蝴蝶鹿角蕨，還培育了許多原生種的鹿角蕨，例如馬來鹿角蕨、巨獸鹿角蕨、象耳鹿角蕨和三角鹿角蕨等。栽培重點為打造穩定的環境，以及定期給水和追肥。關於放置的場所，6～10月位於室外，11～5月則在室內。室外管理的最低氣溫不低於15℃。北陸地方夜晚的寒意逼人，所以室外管理的期間會變得較短。室內的LED燈是混合使用照射植物全體的廣角燈和聚光燈（如果光源固定照射在特定位置，會造成葉片集中向光處生長）。室外要使用遮光網，並放在朝南的位置，讓植株在日照時間內都能接收陽光。肥料方面，移植時使用固態和粉末型肥料。液態肥料要每週施用1次，且稀釋得比指定的倍率更稀薄。植株生長期間，還需要每週2次在葉面上噴灑液肥。

COLLECTION NO. **37**

TENTEN
十十鹿角蕨
Platycerium 'Tenten'

栽培者／早川剛史

以長葉鹿角蕨的園藝種貝蕾依鹿角蕨'Baileyi'和貓路易斯鹿角蕨雜交而成的品種。生長成大型植株之後，高舉的孢子葉末端會漸漸下垂。這是左右兩側都附有子株的阿修羅型植株，打算任其生長，欣賞它自然群生的姿態。

COLLECTION NO. **38**

JADE GIRL
玉女鹿角蕨
Platycerium willinckii 'Jade Girl'

栽培者／早川剛史

據說是野採侏儒種的孢子培養株。尤其是小型種，通常都是上板栽培，但藉由讓它附生在充滿動感的軟木樹皮上，能使其作為自然裝飾而增加存在價值。

| MY METHOD | 早川剛史（現居山梨縣） |

我在溫室和室內培育了大約30種鹿角蕨。溫室搭配採用自然光和LED燈光，每天照射15小時。室內則是照射14小時。給水方面，待水苔乾掉之後才大量給水。而為了讓整體空氣流通，全面設置了循環扇。肥料方面，除了有機肥料P.FOOD之外，還使用了化學肥料IB肥料、液態肥料HYPONeX。

COLLECTION NO. **39**

FIRE CRACKER
鞭炮鹿角蕨
Platycerium 'Fire Cracker'

栽培者／牧野泰士

二歧鹿角蕨和二歧×深綠鹿角蕨雜交而成的園藝種。具有深裂的綠色孢子葉，生長之後會呈現不規則的波狀起伏。將2塊軟木樹皮組合起來，拼接成V字型，然後將植株安裝在接合處，突顯出葉子挺立的外形。

MY METHOD　牧野泰士（現居靜岡縣）

培育出漂亮植株的訣竅在於充分吹風。但不是使用循環扇等設備，而是將植株放在通風良好的環境中栽培。除了冬季之外，都是置於室外管理。因為放在遮蔽範圍較大的屋簷下方，所以不需要為了遮光特別採行遮陽的對策。冬季夜間要使用LED燈，但白天即使是在室內也要盡可能照射到陽光，可以將植株放在窗邊等處。肥料方面，基本上是施用P.FOOD，天氣炎熱或覺得植株無精打采時要施用液態肥料。

COLLECTION NO. 40

AURBURN RIVER

奧本河銀葉鹿角蕨
Platycerium veitchii 'AurburnRiver'

栽培者／carrie（carrie_bambi_bikaku）

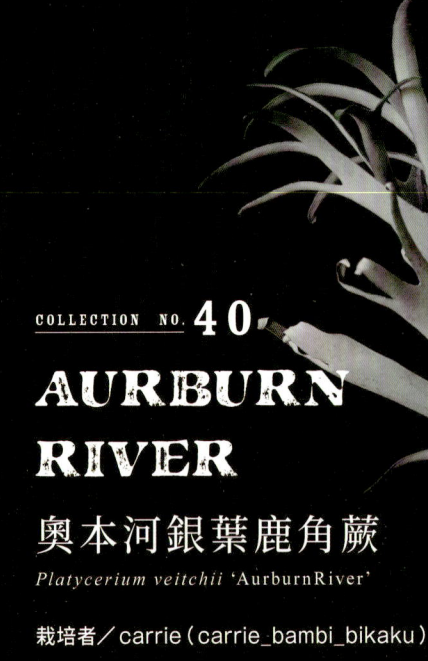

立葉鹿角蕨的選育種。向上生長的孢子葉和帶有深裂的尖銳貯水葉都頗具觀賞價值的植株。以融入室內裝潢為構想，在三角形的木框中鋪滿軟木樹皮，製作出可以裝卸的鹿角蕨桌上展示架。

COLLECTION NO. 41

RIDLEYI

馬來鹿角蕨
Platycerium ridleyi

栽培者／carrie（carrie_bambi_bikaku）

這株生長得很華麗的馬來鹿角蕨是在充足的光照及略強的風力吹拂下培育而成。將植株附生在形狀獨特的軟木樹皮上，製作成獨立在鐵架上的型式。我稱其為「安坐的馬來鹿角蕨」。

COLLECTION NO.42

BALI JEERAWAT
峇里傑爾瓦特鹿角蕨
Platycerium Willinckii 'Bali Jeerawat'

栽培者／carrie（carrie_bambi_bikaku）

擁有長葉鹿角蕨特有的下垂孢子葉，但星狀毛稍微少了一點，整體呈現柔和的波狀起伏。特徵是葉子尖端有細小的分岔，給人纖細的感覺。

MY METHOD　carrie（現居東京都）

藉由改變光照的方式和通風的狀況，發揮每個品種的特性，盡可能將植株的姿態導向對稱的型式。植株全部採行室內管理，且主要都是放置在自己動手打造的、約3張榻榻米大小的生長室裡。LED燈每天照射15小時。設置LED燈時，要確保整體光照均勻；而在需要引導新芽生長等情況時，會調整LED燈的配置方式。給水方面，喜好濕度的植株要在介質乾掉前給水，不喜濕度的植株則在完全乾燥後才給水。使用循環扇和風扇來保持通風良好，但根據品種的不同，要區分成直接吹風的情況和僅保持空氣流通的情況。肥料則是不論固態、液態都會使用。植株生長旺盛的時期，會增加施肥頻率。

COLLECTION NO. 43

HAKA
哈卡鹿角蕨
Platycerium bifurcatum 'Haka'

栽培者／金森正紘

二歧鹿角蕨的選育株。這是在野外也能茁壯生長的強健品種，會長出許多帶有光澤的綠色孢子葉。因為子株也一直在增加，所以可以繼續培育成群生株。

COLLECTION NO. 44

PEGASUS
飛馬鹿角蕨
Platycerium 'Pegasus'

栽培者／金森正紘

立葉鹿角蕨和二歧×深綠鹿角蕨的雜交種，修長的孢子葉向上生長，令人聯想到翅膀。相較一般品種有更多分岔，除了冬季之外都是置於室外管理。

COLLECTION NO. 45

BIFURCATUM × WILLINCKII

二歧 × 長葉鹿角蕨

Platycerium bifurcatum × willinckii

栽培者／金森正紘

以二歧鹿角蕨和長葉鹿角蕨雜交而成的植株。比起一般的二歧鹿角蕨，它的孢子葉較長，呈現出纖細的氛圍。貯水葉則是尖端向上立起的長葉鹿角蕨類型。

COLLECTION NO. 46

FAT PRINCESS

胖公主鹿角蕨

Platycerium willinckii 'Fat Princess'

栽培者／金森正紘

由長葉鹿角蕨的孢子培養株選育出來的品種。覆有星狀毛的孢子葉相當寬大，往左右兩側伸展的姿態十分獨特。

MY METHOD　　金森正紘（現居東京都）

為了培育出形態優美的植株，我會根據每天的狀況改變植株的放置場所，以免接收光照的角度偏斜；除此之外，有時也會矯正葉子生長的方向。春、夏、秋季會放在南向的陽台（僅夏季需遮光）。冬季和有強風大雨等時候，則移進室內，並以LED燈照射12小時左右。

給水方面，要逐一觸摸植株的水苔，如果感覺水苔內部是乾的，就在傍晚到夜間這段時間給水。室內管理的通風方面，是使用擺頭風扇規律均勻地送風。肥料的話，在增加水苔和季節轉換（冬季除外）時，以固態肥料追肥。液態肥料通常每3～4個月在給水時施用1次。

COLLECTION NO. 47

MASERATI
瑪莎拉蒂鹿角蕨
Platycerium 'Maserati'

栽培者／齊藤英成（hidebowwow）

深綠鹿角蕨系列的泡泡鹿角蕨'Paopao'和貓路易斯鹿角蕨雜交而成的品種，屬於會長成大型植株的類型。生長初期孢子葉會朝上方立起，然後慢慢地往下垂。

COLLECTION NO. 48

SWORD
劍鹿角蕨
Platycerium 'Sword'

栽培者／齊藤英成（hidebowwow）

銀鹿鹿角蕨和長葉鹿角蕨的雜交種，以向上伸展的修長孢子葉為特徵。不打算分拆子株，而是作為群生株培育下去。

COLLECTION NO. 49

HAWAIIAN WILD

野採夏威夷鹿角蕨

Platycerium 'Hawaiian Wild'

栽培者／齊藤英成（hidebowwow）

這是在夏威夷的歐胡島親自採下的原始品種。雖然伸展開來的孢子葉近似二歧鹿角蕨，但貯水葉的末端有深裂，展現出獨特的姿態。

COLLECTION NO. 50

RIDLEYI

馬來鹿角蕨

Platycerium ridleyi

栽培者／齊藤英成（hidebowwow）

來自婆羅洲的野採株。特色鮮明的貯水葉漂亮地包覆在水苔上，孢子葉則是向四方伸展。讓它附生在長約80cm的大型軟木樹皮上，更加展現出自然野生的氛圍。

MY METHOD　齊藤英成（現居東京都）

製作鹿角蕨時，讓它附生在軟木樹皮上是一大樂趣。進行作業時，重要的是不只考慮目前的狀態，同時還要想像生長之後的姿態。培育出漂亮植株的訣竅就是了解每棵植株對光照、通風和給水的需求，並且每天觀察。我將栽培空間設置在室內的客廳和陽台，其中立葉鹿角蕨是放在室外，其他則是置於室內。當最低氣溫降至10℃以下時，就要將立葉鹿角蕨移回室內。光照方面，室內空間中安裝了數種類型的LED燈，從日出到日落持續照射。給水的頻率和方法視植株的種類和大小而有很大的差異。子株的話，夏季每天都要澆水，而成長到某個程度的植株則在水苔變得乾硬後才給水。肥料方面，春、夏、秋季時，使用P.FOOD、IB肥料、MAGAMP K作為基肥或追肥。

093

COLLECTION NO. 51

INFINITY
無限鹿角蕨

Platycerium 'Infinity'

栽培者／岡田玄也（gen_201702）

深綠鹿角蕨的TT1和長葉鹿角蕨雜交而成的品種。以強健的立葉和具有深裂的孢子葉為特徵。母株的葉子尖端之後會變得更細，然後逐漸捲曲起來。

COLLECTION NO. 52

BANNA #J
巴納J鹿角蕨

Platycerium 'Banna #J'

栽培者／岡田玄也（gen_201702）

一般在市面上流通的巴納A鹿角蕨，葉尖有分岔且葉片優雅地展開成扇形，相對於此，在日本首次上市的巴納J鹿角蕨則以波狀起伏的葉尖為特徵。長成了很有存在感的植株。

COLLECTION NO.53

DRAGON × MASERATI

龍 × 瑪莎拉蒂鹿角蕨

Platycerium 'Maserati'
Platycerium hillii 'Dragon'

栽培者／岡田玄也（gen_201702）

擁有貓路易斯鹿角蕨血統的瑪莎拉蒂鹿角蕨的播孢，與深綠鹿角蕨的龍鹿角蕨兩者的組合。深綠鹿角蕨特有的葉面光澤十分美麗，寬闊的葉子會慢慢地往下垂。

COLLECTION NO.54

PEWCHAN COMPACT

皮陳緊湊版鹿角蕨

Platycerium 'Pewchan compact'

栽培者／岡田玄也（gen_201702）

覆有絨毛的白色孢子葉充滿魅力。這是由銀鹿角蕨和長葉鹿角蕨雜交而成的皮陳鹿角蕨的播孢選育株。顧名思義，植株生長得很緊湊，呈現動人的姿態。

MY METHOD　岡田玄也（現居東京都）

在將鹿角蕨上板至軟木樹皮時，我會留意盡可能呈現自然的外觀，不讓切口的直線明顯露出，或是避免附加的樹枝看起來不自然。此外，還會進一步觀察植株和軟木樹皮之間的平衡，盡量製作得很立體以呈現出存在感。我的栽培場所全位於室內，空調和風扇是24小時運轉，室溫則全年維持在20～26℃。光照方面，使用LED燈每天照射13小時，且每株鹿角蕨配置2盞燈，並留意讓孢子葉能夠左右對稱地生長。冬季給水時使用溫水。給水的時間一律安排在夜晚，而且固定在晚上9點關掉LED燈之後才澆水。肥料的話，基肥是使用緩效性固態肥料，追肥則是將有機肥料裝入沖茶袋中，再放置於植株上。

COLLECTION NO. 55

WHITEBIFUR

白二歧鹿角蕨

Platycerium bifurcatum 'White'

栽培者／kei_bika

二歧鹿角蕨的選育株，細小的星狀毛濃密地覆蓋在孢子葉上。緊湊的葉片先是往上生長，然後末端向四方伸展，彙集成美麗的姿態。

COLLECTION NO. 56

FSQ

捲捲鹿鹿角蕨

Platycerium 'FSQ'

栽培者／kei_bika

覆有星狀毛的白色孢子葉寬闊而緊湊。全體呈波浪起伏般地生長，當有孢子附著在葉片上時，葉尖的分岔會增多。透氣性佳的木框培育型式，雖然需要頻繁地給水，但是根部的生長速度會比較快。

NANGNON

南農鹿角蕨

Platycerium 'Nang Non'

以深綠鹿角蕨系列的二歧×深綠鹿角蕨和立葉鹿角蕨交配所培育出來的園藝種。生長得很緊湊且具有分岔的孢子葉與上端尖銳且向上生長的貯水葉形成漂亮的植株。

栽培者／kei_bika

MY METHOD　　kei_bika（現居東京都）

在栽種鹿角蕨的植株時，以往會為了能採下大量子株而堆放較多的水苔，但最近因為想培育出緊湊生長的植株，改為避免放置過多水苔，並盡量堆得平坦些。如果希望栽培出外形漂亮的植株，就要均衡地照射LED燈和陽光。培育場所是在室內（LED燈）和朝南的陽台（遮光率約70%，冬季除外）。LED燈每天照射13小時左右。另外，想讓葉片直立生長的立葉鹿角蕨系列等，會將它們放在燈源附近。而置於陽台的鹿角蕨，在日照時間變短的季節裡，有時會移進室內追加照射LED燈。給水方面，由於植株的大小和水苔的分量會影響乾燥的速度，所以要觀察乾濕的程度來決定。中型以上的植株，夏季時要等水苔底部乾燥之後再給水，夏季之外的季節，則根據不同的培育方法，有時也會在水苔乾燥了數天之後才給水。但子株需在水苔乾掉之前澆水。肥料方面，在上板的時候施用P.FOOD和固態化學肥料。夏季期間，每個月施用液態肥料1次左右，其他季節則每個月施用2～3次左右。

COLLECTION NO. 58

QUADRIDICHOTOMUM × ALCICORNE

四叉 × 馬達加斯加圓盾鹿角蕨

Platycerium quadridichotomum ×
Platycerium alcicorne 'Madagascar'

栽培者／杉田貴之

四叉鹿角蕨和馬達加斯加圓盾鹿角蕨的雜交種。生長得很緊湊的孢子葉，葉尖略圓且微呈波狀伸長。不會休眠。

COLLECTION NO. 59

HELA

海拉鹿角蕨

Platycerium 'Hela'

栽培者／杉田貴之

由皮陳鹿角蕨（銀鹿角蕨×長葉鹿角蕨）和「Boonchom鹿角蕨」（安地斯鹿角蕨×四叉鹿角蕨）交配所創造出來的品種。貯水葉高聳挺立，細長的孢子葉也偏向上方生長。

MY METHOD　杉田貴之（現居東京都）

如果想要培育出外形漂亮的植株，就盡量不要分拆子株。因為貯水葉下半部的圓弧是由子株和母株重疊之後所形成。子株能使鹿角蕨呈現出層次感。培育場所設在客廳的一角，讓自己隨時都可以看到鹿角蕨。LED燈是用1盞30W的燈和2盞20W的燈，且每天照射16小時。給水方面，中型〜大型的植株，每週給水1次或少於1次。判斷方式為：拿起鹿角蕨時，如果感覺很輕，就得給水。在季節轉換時，會施用有機肥料P.FOOD。將植株安置於軟木樹皮之後，要盡可能在不增添水苔的狀態下進行追肥，僅偶爾加入少量的緩效性化學肥料。平常給水的時候，有時會加入液體的活力劑，冬季期間，除了活力劑之外也會施用液態肥料。

098

COLLECTION NO. 60

FULLMOON
滿月鹿角蕨
Platycerium 'Fullmoon'

栽培者／村松健太郎

深綠鹿角蕨的卓蒙德波浪'Drummond Wave'和二歧×深綠鹿角蕨的雜交種。寬闊的孢子葉上覆有無數的星狀毛，展開彷如銀色的葉片。一旦有孢子附著在葉子上，葉片尖端就會捲曲起來。

COLLECTION NO. 61

HARUSAME
春雨鹿角蕨
Platycerium 'Harusame'

栽培者／村松健太郎

由立葉鹿角蕨系列的檸檬鹿角蕨和長葉鹿角蕨交配而成的園藝種。特徵是纖細的孢子葉會伸展得長長的，還可以欣賞形狀均衡的貯水葉。

MY METHOD 　村松健太郎（現居東京都）

如果想栽培出外形優美的植株，必須注意給水的時機和光線照射的方式。我的培育場所包括室內和室外。滿月鹿角蕨是放在室內，春雨鹿角蕨則是放在屋簷下。春、秋2季盡可能採用室外管理，冬季時再將大部分的鹿角蕨移進室內。室內管理使用的LED燈，設置的方式是使整體的光線均勻，並每天照射12小時。此外還會開啟循環扇朝正上方運轉，以讓整個室內的空氣流動。肥料的話，主要是施用有機肥料和遲效性化學肥料，偶爾也會使用液態肥料。初春和夏末時，會將固態肥料撒在植株上面及貯水葉裡面。液態肥料要倒入水桶中稀釋之後，在給水的時候施用。

COLLECTION NO. **62**

SATTAHIP
梭桃邑鹿角蕨
Platycerium hillii 'Sattahip'

栽培者／名久井真

深綠鹿角蕨的園藝種。它也因為是泰國育種家Yot的代表作而聞名。與原生種相較之下，梭桃邑鹿角蕨的葉子較寬，所有葉片都具有大幅起伏的特性。雖然這個植株是附生在立體的軟木樹皮上，但為了與軟木樹皮形成視覺上的平衡，所以將植株朝上配置。此外，整體外觀與強健挺立的孢子葉也呈現出美麗的均衡。今後它將成長為更加動人的群生株。

MY METHOD　名久井真（現居東京都）

我會盡可能在相同的場所打造穩定的環境來培育鹿角蕨。我的培育場所位於3樓的陽台，且架設了遮光率50%的遮光網。冬季期間則將植株移入室內，使用LED燈每天照射15小時。因為梭桃邑鹿角蕨的植株是向上生長的，所以LED燈要由正上方照射於全體植株。在室內培育期間，24小時都會開啟循環扇。肥料方面，從春季開始的培育期，以緩效性肥料作為追肥，另外每個月會施用液態肥料1次左右。

COLLECTION NO. **63**

ALCICORNE
馬達加斯加圓盾鹿角蕨
Platycerium alcicorne 'Madagascar'

栽培者／富田潤（jt11_plants）

產自馬達加斯加島的圓盾鹿角蕨。修長的孢子葉向上生長，末端分岔之後朝四方伸展，呈現出優美的平衡。此外還能欣賞到有波狀紋路的貯水葉。而為了讓孢子葉漂亮地伸展，要將植株放在光線均勻分布的場所。獨具一格的軟木樹皮，彷彿可以看穿到裡面，是觀賞時的一大亮點。

COLLECTION NO. **64**

HILLII
深綠鹿角蕨
Platycerium hillii

栽培者／富田潤（jt11_plants）

這是孢子培養株的深綠鹿角蕨，相關資料不詳。優美地向上高舉的孢子葉賞心悅目，帶有分岔的寬闊葉尖往前方下垂。為了讓大型葉片強勁地挺立，追加了1盞由正上方照射下來的專用LED燈。

MY METHOD　富田潤（現居東京都）

如果想讓鹿角蕨的外形長得漂亮，光線的亮度和照射方向是重要關鍵。我的培育場所位在以前的工作室，且完全採室內管理。我還自己動手在牆上製作了鹿角蕨牆。每30～40株鹿角蕨配置15盞LED燈（HELIOS、MORSEN併用），每天照射17小時。此外，為了讓下方的植株也照得到燈光，安裝了好幾個夾式燈座。循環扇是24小時運轉，並透過上下左右的擺動，讓風盡可能吹到所有植株。只在夏季開啟冷氣，冬季也維持最低15°C的溫度。濕度控制在40～70%左右。肥料的話，在上板或增添水苔時加入MAGAMP K和P.FOOD。另外，在春、秋2季等植株生長旺盛的時期，會將液態肥料HYPONeX稀釋1000倍左右，趁給水的時候施用。

COLLECTION NO. **65**

CHANTHABOON
尖竹汶鹿角蕨
Platycerium 'Chanthaboon'

栽培者／tk_plants2021

馬來鹿角蕨和捲捲皇鹿角蕨的雜交種。特徵是下垂的孢子葉末端以旋轉起伏的方式生長。有許多充滿個性的孢子葉伸展而出，還有華麗的貯水葉附著其上所形成的大型植株。

COLLECTION NO. 66

MASERATI
瑪莎拉蒂鹿角蕨
Platycerium 'Maserati'

栽培者／tk_plants2021

給水給得巧妙一點，就能長成大型植株的瑪莎拉蒂鹿角蕨。它是深綠鹿角蕨系列的園藝種和貓路易斯鹿角蕨的雜交種。這個植株的欣賞重點在於孢子葉下垂的模樣，而不是向上立起的孢子葉。

COLLECTION NO. 67

FULLMOON
滿月鹿角蕨
Platycerium 'Fullmoon'

栽培者／tk_plants2021

深綠鹿角蕨的卓蒙德波浪和二歧×深綠鹿角蕨雜交而成的園藝種，以寬闊的葉子為特徵。這個植株有著稍帶光澤的綠色孢子葉，先是由芽點往上伸展，然後漂亮地向四方展開。

COLLECTION NO. 68

WHITEHAWK
白霍克鹿角蕨
Platycerium 'White Hawk'

二歧×深綠鹿角蕨和長葉鹿角蕨的雜交種。覆有濃密星狀毛的孢子葉略微雜亂地向四方伸展，有孢子囊附著時，葉片會呈波狀捲曲。整體成長為野趣盎然的華麗植株。

栽培者／tk_plants2021

MY METHOD　tk_plants2021（現居千葉縣）

鹿角蕨主要是放置在庭院的柵欄和日光室裡，但也有一部分是在室內進行培育。室外的鹿角蕨，為了避免陽光直射，會使用遮光率50%的遮光網。室內的鹿角蕨則使用LED燈，大致上是由正上方每天照射15小時左右，但除了冬季之外，全都仰賴陽光照射。冬季時，由於LED燈無法照到全部的植株，所以會把其中一些移往日光室。冬季期間要盡量將溫度保持在15～20°C，以免鹿角蕨停止生長。如果是放在室內管理的話，會讓循環扇以擺頭的方式24小時運轉。肥料方面，群生株這種大型植株僅在春季施用1次固態的IB肥料。子株和中型植株，則是在增添水苔時加入P.FOOD和菌根菌。液態肥料的話，春、秋2季每個月在葉面上噴灑1～2次。

COLLECTION NO. 69

SWORD

劍鹿角蕨

Platycerium 'Sword'

栽培者／島田智也（kanaloa.tomo.1002）

劍鹿角蕨的淺色孢子葉纖細修長，覆有星狀毛。它是由原生種的立葉鹿角蕨和長葉鹿角蕨交配而成的雜交種。藉由讓它附生在立體的軟木樹皮上，呈現出自然的氛圍，想要讓它就這樣長成群生株。

MY METHOD　島田智也（現居茨城縣）

為了培育出形態優美的植株，必須適時矯正或修剪孢子葉，以免它們生長過密。栽培方面，全年都採行溫室管理，且將植株背朝南方擺放。另外，溫室中也安裝了LED燈，全年使用，尤其是立葉鹿角蕨系列，要從正上方照射光線。因為採行溫室管理，所以可以維持溫度、濕度的平衡進行培育。從秋季到春季這段期間，溫度通常保持在20～25℃。給水方面，要在水苔即將完全乾透之前給予充足的水分。而白葉鹿角蕨基本上是使用浸泡法。此外，需每天早、晚2次在葉面噴水。溫室內全年使用循環扇〔夏季還會引進工業扇〕。肥料的話，使用P.FOOD和Biogold，再加上自家配方的天然有機肥料（固態），在春、秋2季各施用1次。

COLLECTION NO. **70**

BAMBI
斑比鹿角蕨
Platycerium 'Bambi'

栽培者／小川光將

這是從泰國進口的園藝種,由皮陳鹿角蕨緊湊版和雅典娜#1鹿角蕨交配之後誕生的品種。它的姿態與當地的母株不同,向上立起的孢子葉生長得緊湊又好看。

COLLECTION NO. **71**

WINDBELL
風鈴鹿角蕨
Platycerium willinckii 'Wind Bell'

栽培者／小川光將

這是長葉鹿角蕨系列的園藝種,獨特的孢子葉伸展而出。直線型的葉子細細伸長,末端有許多分岔,一旦有孢子附著其上,就會變得彎曲起伏。成長後的植株十分出色。

COLLECTION NO. 72

JADEGIRL
玉女鹿角蕨
Platycerium 'Jade Girl'

栽培者／小川光將

台灣培育出的超級侏儒種的孢子培養株。每片葉子都漂亮地展開，植株整體展現出優美的平衡。培育方法是不施肥，而是給予稍多的水分。在容易捲曲的孢子葉側面會使用科技泡棉。

COLLECTION NO. 73

RIDLEYI
馬來鹿角蕨
Platycerium ridleyi

栽培者／小川光將

在偏乾燥的環境中培育而成的馬來鹿角蕨。使用了較強的光照，並將LED燈安裝在正上方，使光線直接均勻照射。茂盛的孢子葉分據左右兩邊且往正上方生長，整體外形非常漂亮。搭配Y字形軟木樹皮，在視覺上也呈現良好平衡。

MY METHOD　小川光將（現居茨城縣）

培育出漂亮外形的訣竅在於，首先要注意LED燈光的強度或方向，在孢子葉展開時調整葉片的排列方式，以避免順序混亂。此外，在貯水葉展開的初期，要剪除會阻礙貯水葉生長的孢子葉，或是形狀不好看的貯水葉。栽培空間完全設置在室內，並在南向窗邊能接收到自然光的牆上安裝了柵欄，將鹿角蕨掛在上面。光照方面，

以20cm的間隔安裝LED燈，光照和植株之間的距離，最近的是50cm，最遠的大約200cm，且盡可能從植株中心的頂端照射。溫度方面，開啟空調維持在26～28℃。全年使用循環扇，並設定成擺頭模式，讓風直接吹到植株。基肥使用的是IB肥料和P.FOOD。追肥則視植株狀況使用液態肥料HYPONeX。

CHAPTER 3

Cultivation and arrangement
of Platycerium

鹿角蕨的
培育和配置

鹿角蕨的基礎知識和基本的栽培方法請參照同系列《絕美鹿角蕨圖鑑》一書。本章將為大家介紹讓培育工作進階的思考方式、具體的栽培方法，以及配置在軟木樹皮上的流程。

進階的栽培

LIGHT
光照

必須了解光量和光的品質，
花費心思設計照射的方式。

因為植物需要透過光合作用獲得能量，所以室外栽培時，仰賴的是陽光，而室內栽培時，就由照明器具擔負這個任務。

由於鹿角蕨也是屬於蕨類植物的一種，所以一般人經常會因刻板印象認為它們在陰涼處也會生長，但其實若沒有給予某個程度的光照，就無法使它們長成美麗的姿態。

如果以表示亮度的照度而言，5000勒克司的程度勉強可以讓鹿角蕨生長，但如果想要培育出不會徒長的強健植株，就需要25000勒克司左右的亮度。換算成陽光的話，大約是陰天時上午10點左右的亮度。

不過，要注意強烈的直射陽光會造成葉片灼傷。夏季的直射陽光特別危險，所以必須以寒冷紗等予以50%左右的遮光，即使是冬季也建議遮蔽20%左右，這樣會比較安心。

相對於此，在室內培育時，要使用LED燈光取代陽光。市面上售有各種培育植物專用的燈，但是以包含多種波長的全光譜類型，或是包含促進光合作用的紅色系波長的燈較合乎理想。設置LED燈的方法，可以選擇在房間的牆壁上安裝柵欄，並利用軌道等從天花板上懸掛LED燈，或使用高度足夠的銀色網架，將燈具設置在最上層。

而最重要的就是光線照射的方式。基本上，一定要具備由植株的正上方和斜前方照射的光線，且最好植株左右兩邊的亮度相同。如果不這樣做的話，孢子葉會只集中在光線照射的方向，有時無法均衡地伸展開來。一定要費心設計，讓周圍的白色牆壁反射光線，盡可能為植株提供均勻的光照。

如果是從天花板附近投射LED燈光，柵欄的上層和下層會出現不同光量。而馬來鹿角蕨和立葉鹿角蕨系列的品種喜好較強的光照，所以要放在最明亮的地方，其他種類的鹿角蕨則建議放在亮度降一級的地方進行管理。如果是子株的話，不需要強烈光照，所以最好置於光量稍弱的場所。

Higher-Grade Cultivation

TEMPERATURE
溫度

雖然能夠忍受某個程度的溫差，
但是要留意冬季的寒冷。

原生種鹿角蕨自然生長的地方位於赤道附近的熱帶地區，整體來說，鹿角蕨喜好溫暖的氣候。雖然原生地的氣溫全年沒有太大的變化，但是在日本，不同季節的氣溫差異很大，即便如此，還是可以栽培鹿角蕨。而且正因為日本的四季分明，所以只要配合季節調整栽培方式，就可以培育出比原生地植株更緊湊的姿態。

適合鹿角蕨生長的平均溫度為20～30°C左右。當然，即使低於或高於這個溫度，鹿角蕨也不會枯萎。基本上，它們是種強健的植物，所以能夠充分忍受某種程度的寒冷或炎熱。

不過，由於鹿角蕨是熱帶植物，因此希望培育時要特別注意嚴寒的冬季。以比較耐寒的二歧鹿角蕨來說，有時候即使最低溫降到0°C，某些植株還是耐得住低溫，不會產生任何問題；但其他大部分的種類一旦暴露在寒冷的環境，葉子便會枯萎，或是後續出現生長不良的情況。

尤其是放置在室外管理的植株，當最低溫降至15°C以下的時期，最好能將它們移入室內或者是溫室中。如果可以透過空調等設備將環境溫度維持在20°C以上，植株將能持續地正常生長，並進行培育工作。

此外，近年來，夏季的酷暑成為了愈來愈嚴重的問題。如果氣溫連日超過35°C，部分品種的生長會變得遲緩，有時甚至會停止生長。一旦無法生長的狀態持續下去，就很容易出現病蟲害之類的問題，必須特別留意。

在夏季的高溫期、溫室栽培等情況下，基本上要使用循環扇維持良好通風。其中，建議大家將不耐熱的品種和小型植株等放在室內，透過空調管理來培育。最近全年都能輕鬆控管溫度的室內培育派的人數逐漸增多。

進階的栽培

WATER
給水

注意避免水分過量或不足。
找出給水的適當時機。

日常的管理工作中，最常執行的作業就是給水。對於鹿角蕨來說，給水要注意張弛有度。基本上，當栽培介質水苔的表面乾燥時，要給予水分能夠完全滲透到水苔內部的充足水量。

而對於像馬來鹿角蕨一樣，貯水葉蓋住了整個水苔的類型，要試著拿起植株來判斷；如果比平常更輕，就表示根部處於乾燥的狀態，可以視為是需要給水的徵兆。

如果給水的次數過多，一直保持濕潤的話，根部將無法順利活躍地生長。此外，如果根部持續處於過度潮濕的狀態，會很容易發生根腐病，貯水葉也可能腐爛。相反的，如果過度乾燥的話，會造成生長狀況不佳和枯萎，因此必須在適當的時機給水。

順帶一提，雖然鹿角蕨對於根部完全乾燥的脫水現象有較強的忍受力，但這會阻礙根部的生長，所以最好在介質完全乾透之前給水。特別是還沒有長出貯水葉的小型植株，根部很容易乾燥，需注意避免缺水。

至於給水的方法，建議採用泡盆法：將水裝入水桶等大型容器中，然後把整個植株浸入其中。如此水分能輕易徹底滲入水苔內部，同時還可去除累積在根部周圍的雜質等。使用的水每次都要更換。不要用事先儲存的，最好是剛從水龍頭流出來的、飽含充足氧氣的自來水。

除此之外，使用澆花灑水器或澆水壺時，要從上方為整個植株澆水。不過，如果想保持立葉鹿角蕨和長葉鹿角蕨等的白色葉子，就要避免在葉片上面澆太多水，以免星狀毛掉落。

還有，對於在冬季會停止生長的植株，要減少給水，最好等到栽培介質完全乾燥之後再澆水。

Higher-Grade Cultivation

WIND
通風

透過適當的空氣流通，
培育出強健的植株。

FERTILIZER
肥料

磷和鈣比氮更重要，
在生長期適當地施肥。

令人意外的是，通風經常被忽視。在植物的栽培中，通風非常重要，當生長環境的空氣停滯又潮濕時，大部分植物都不會長得太好。鹿角蕨也不例外，栽培時必須意識到通風的問題。多數鹿角蕨在原生地都是附生於樹木的中層，接收從樹葉縫隙灑落的陽光，孢子葉隨著偶爾吹來的風輕輕搖曳。

和緩的風吹動鹿角蕨，芽點受到刺激之後，會長出強健的葉子，這也是風所立下的一大功勞。雖然受到風的影響，水苔較容易乾燥，但只要適當給水，牢固的根系就會迅速擴展，植株也會隨之變得強壯。

特別是在通風不良的室內培育時，最好讓循環扇24小時運轉。強風直接吹向植株的話，會對芽點造成負擔，所以要用整個室內的空氣會緩緩流動的感覺來製造風。注意不要直接吹向植株，而是朝著天花板或牆壁送風，只要空氣能產生流動，能使孢子葉偶爾會輕微搖晃的程度即可。

鹿角蕨本來就不是需要許多肥料的植物。然而，適度施肥可以促進根部發展，並長出色澤漂亮又健康的葉子。重點是控制用量，在生長期間也不要停用，適時適量地施肥。

施肥的方式有2種：在栽植的時候施用於根部的「基肥」，以及在培育過程中追加的「追肥」。基肥建議使用鹿角蕨專用的P.FOOD等，這類效果緩慢且持久的緩效性有機肥料。追肥的話，可以將固態化學肥料等加入老貯水葉的後面，或是在增添水苔時放入其中。追肥是在春季到秋季這段生長期內，以大約1個月1次的頻率施用（冬季仍在生長的植株也可以少量施肥）。

關於肥料的成分，氮可以促進葉子生長，而鉀和磷則有助於根部發育，因此要選擇鉀和磷的比例高於氮的肥料。速效性液態肥料由於容易使養分過度集中在葉片上，所以不要經常使用，最好是先觀察植株的狀態之後，再決定是否施用。

高明的培育技術

孢子葉的調整

引導葉子
朝著預期的方向生長。

改變孢子葉的方向

不同品種的鹿角蕨各有理想的孢子葉形狀和生長方式。

長葉鹿角蕨和皇冠鹿角蕨的葉子有很多分岔，大量葉片往前下垂。立葉鹿角蕨系列，會有覆蓋大量絨毛的白色葉子從芽點向上生長；而深綠鹿角蕨系列高舉著略顯寬闊的葉子。至於馬來鹿角蕨的孢子葉，一樣有很多分岔且向上生長。

孢子葉向上生長的類型，只需由正上方照射光線，就很容易使形狀集中；而孢子葉下垂的類型，有時不會朝著預期的方向展開。大多數的情況下，可能是光量不足或光線的強度不均。尤其長葉鹿角蕨系列，一旦光量不足就會直接朝向側面生長，所以在如同「向前看齊」的狀態下，有時候葉片無法順利地朝左、右展開。遇到這種情形時，最好使用鐵絲進行矯正。

此外，長葉鹿角蕨系列的侏儒種由於芽點內縮，有時孢子葉無法漂亮地伸展，因此必須調整葉片的生長方向。

1
2
3

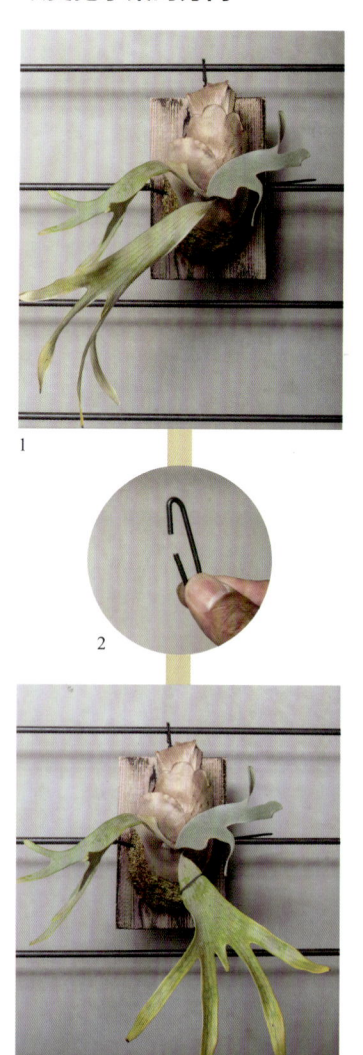

❶這棵植株有1片孢子葉逆向伸展。❷配合葉子的寬度將鐵絲的兩端折彎。❸將鐵絲裝設在葉子的基部附近，只需朝向正確的方向施力，就可以矯正過來。

114

Cultivation Techniques

引導孢子葉

重新組合孢子葉

1

2

3

4

5

如果孢子葉沒有順利地向左、右伸展，就將鐵絲末端鉤在軟木樹皮上，矯正葉子的方向。

❶重新組合侏儒種的葉子。又稱為「組葉」。侏儒種的孢子葉較硬，往往長得過於密集，容易破壞整體的平衡。❷貯水葉已經生長到蓋住孢子葉，所以從基部拔除被覆蓋的孢子葉。❸將葉子依照左右交替生長的順序展開。❹最好將新葉夾在老葉的分岔之處，以這樣的型式展開孢子葉。❺重新組合葉子之後。建議每天觀察孢子葉的生長狀況。

115

高明的培育技術

貯水葉的調整

侏儒種鹿角蕨
尤其要注意貯水葉捲曲的問題。

1

2

❶貯水葉左右兩邊的末端捲入內側。以尺寸的大小來說，葉子堅硬的侏儒種很容易發生這種狀況。❷在貯水葉的生長期，為了防止它捲入內側，可以將科技泡棉裁切成小塊之後插入其中，引導它向外側生長。

貯水葉有不同的形狀，例如皇冠形和圓形等，但基本上貯水葉會沿著栽培介質水苔的形狀生長。為了培育出曲線優美的貯水葉，栽種植株時必須同時將水苔調整成漂亮的形狀。此外，在貯水葉的生長期（孢子葉停止生長，貯水葉擴展的時期），只要稍微增加給水頻率和保持較高濕度，就很容易擁有良好的生長狀態。

近年來很受歡迎的侏儒種，孢子葉和貯水葉的葉片都較堅硬，有時不會往預期的方向生長，而且可能出現貯水葉往左右兩邊內側捲曲的狀況。為了防止這種情形發生，有時也會使用科技泡棉來引導。

至於已經捲曲的貯水葉，必須將捲曲的部分剪掉，為接下來要展開的貯水葉整理出平坦的生長空間。

Cultivation Techniques

調整捲曲的貯水葉

1
2
3

❶貯水葉邊緣已經朝內側捲曲的植株。❷為了進行換板,在新的板材上堆放水苔,加入有機肥料(P.FOOD)之後,再覆蓋一層水苔。❸不要撥弄植株的根部,直接移植到新的板材上。以束線帶固定植株。

4
5
6

❹用剪刀剪除捲曲的部分。左右兩邊都要剪掉。❺在貯水葉的後面塞入水苔。在剪掉的部分仔細地塞入水苔,同時撐開貯水葉。❻在貯水葉的後面緊緊地塞滿水苔。

7
8
9

❼使用透明車線纏住水苔,固定植株。❽完成時,剪掉的部分和水苔變得平坦。❾接著,展開生長的貯水葉會在新的水苔上擴展開來。

117

高明的培育技術

芽點的問題

最重要的部位發生的問題，
必須盡快處理。

芽點位於貯水葉的後面！

1
2
3
4

❶新芽沒有生長的空間，芽點已經移到貯水葉的後面。❷用小剪刀或美工刀剪掉蓋住芽點的貯水葉。小心不要傷到新芽。❸以透明車線纏住殘餘的貯水葉，將它固定住。❹芽點出現在前面的狀態。在暫時繼續給水的情況下進行管理。

芽點是鹿角蕨最重要的部位。舉例來說，即使孢子葉或貯水葉有一部分枯萎了，只要生長條件完備，鹿角蕨就能繼續順利地生長。可是，如果長出這些葉子的芽點有嚴重損傷、枯萎或腐爛，這棵植株的生命也就結束了。因此，不只葉子的狀態，也要經常觀察芽點的情況。

其中必須特別注意侏儒種鹿角蕨，通常它們的芽點周圍會長有密集的葉子。根據植株的不同，有時新芽會因為缺乏生長空間，而出現在貯水葉的後面。除此之外，當孢子葉的數量很多且長得較大的時候，其重量會使芽點連同葉片一起掉落，造成「斷頭」的狀態。首先必須培育出強健的根系，但如果發現這些問題，也要立即處理。

Cultivation Techniques

斷頭的對策

1
2
3

❶孢子葉的基部搖晃不定的植株。❷利用幾片孢子葉壓住植株的基部以防止晃動。將要固定的孢子葉放到貯水葉的後面。❸在壓下來的孢子葉上面纏繞透明車線,然後剪掉那片葉子的尖端。如此一來,植株的基部就穩固了。

孢子葉掉落之後

1
2

如果孢子葉生長到無法承受重力的程度,可以用鐵絲等固定住,直到根系生長牢固。

3
4

❶當孢子葉連同芽點一起掉下來時……。❷如果還殘留少量的根,就有復活的可能。在根的部分塗抹開根劑。❸準備小花盆,將它種在充分濕潤的水苔中。❹使用免洗筷、竹籤或橡皮筋固定植株的基部。如果葉子很大的話,不妨剪成一半左右。

119

軟木樹皮加工的技術

附生在軟木樹皮上

作為室內觀葉植物，
進行更美觀的配置。

一般來說，鹿角蕨通常是以板植的方式培育。除了板材之外，近年來軟木樹皮也成為附生材料之一。軟木樹皮具有重量輕、不易腐蝕、易於加工的優點。此外，將鹿角蕨配置在軟木樹皮上，可以營造出更貼近自然的氛圍，所以值得推薦。

除了平面板狀，市面上還有販售中空管狀的軟木樹皮。一邊想像鹿角蕨生長在原生地樹木上的姿態，一邊讓它附生於軟木樹皮，並使兩者保持良好的平衡，如此應該就能創造出一株珍貴且能長年欣賞的室內觀葉植物。將植株上板至軟木樹皮時，整體的平衡感很重要，最好在配置時想像一下植株將會如何生長。

如今，不只有保持天然原貌的軟木樹皮，還出現了許多創意提案，像是將中空的部分填滿，或是將多塊軟木樹皮組合在一起。大家可以按照自己的想法動手，也有愈來愈多的人開始享受這種加工的樂趣。

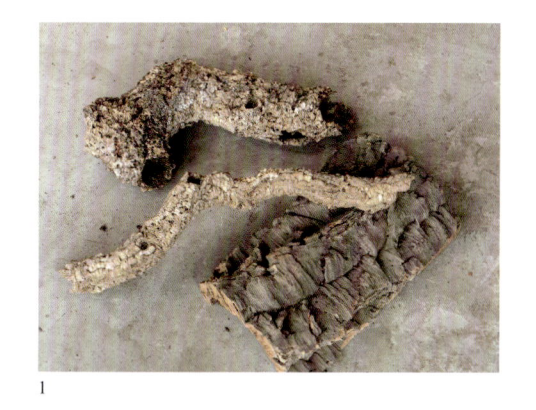

1

2　　3

❶軟木樹皮有板狀、中空管狀、細枝狀等類型。植株要怎麼樣附生在軟木樹皮上，全憑個人的審美觀。❷❸附生於管狀軟木樹皮上所培育出的馬來鹿角蕨（左）和馬達加斯加鹿角蕨（右）。這樣的配置帶出的自然感是板植的鹿角蕨所無法展現的。

Cork Processing

上板至軟木樹皮的流程

1

2

❶以板植方式培育出的侏儒種珍妮鹿角蕨。❷使用尺寸適中、外形富有變化的軟木樹皮。

3

4

5

❸確認過配置的方向和角度之後,用鋸子將軟木樹皮貼牆的那面鋸平。❹將貼牆的那面鋸平,就能穩固地掛在牆上。❺用鋸下來的軟木樹皮塞住頂部的空洞部分。

6

7

8

❻將鋸下來的軟木樹皮裁切成符合空洞的大小,然後用熱熔膠槍黏合。❼黏合之後,將裁切軟木樹皮時所產生的碎屑撒在接縫處。❽接縫處幾乎看不出來。

軟木樹皮加工的技術

❾安裝掛鉤，然後在牆上試掛看看。因為遮蓋住孔洞，看起來更像是大自然中樹木的一部分。❿決定要讓植株附生的位置，然後用電鑽在左右兩側鑽孔。⓫先將束線帶穿過鑽好的孔洞備用。

⓬從板材上卸下植株。長在水苔表面的青苔也用手清除乾淨。⓭將弄濕的水苔裝入大小適中的圓形盆器中，然後加入有機肥料P.FOOD。⓮再放入幾顆固態化學肥料。

⓯在肥料上面放入水苔，用手輕輕壓住。⓰將容器翻轉過來，把水苔配置在軟木樹皮上面。⓱將剛從板材上卸下的植株放在水苔上，用束線帶固定。

Cork Processing

18　　　　　　　　　　　　19　　　　　　　　　　　　20

⓲一邊查看植株的角度一邊補上水苔。⓳準備透明車線。⓴一圈又一圈地纏繞在水苔四周，一邊調整形狀一邊固定植株。使用鑷子將線的末端塞入水苔中。

已經附生在軟木樹皮上的珍妮鹿角蕨。在更貼近大自然的氛圍中，守護它的生長變化。

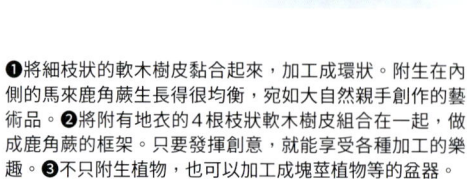

軟木樹皮加工的技術

1

❶將細枝狀的軟木樹皮黏合起來,加工成環狀。附生在內側的馬來鹿角蕨生長得很均衡,宛如大自然親手創作的藝術品。❷將附有地衣的4根枝狀軟木樹皮組合在一起,做成鹿角蕨的框架。只要發揮創意,就能享受各種加工的樂趣。❸不只附生植物,也可以加工成塊莖植物等的盆器。

2

3

Cork Processing

附生植物以外的軟木樹皮加工

1
2
3

❶使用粗管狀的軟木樹皮製作。❷用鋸子將軟木樹皮貼牆的那面鋸平。
❸將軟木樹皮配置在牆上。開口較大的那端朝上。

4
5
6

❹用鋸下來的軟木樹皮蓋住部分開口，然後以熱熔膠槍黏合。❺在夾板上描畫形狀，以便將貼牆的孔洞封起來。❻使用電鋸裁切夾板。

7
8
9

❼將裁切下來的夾板邊緣磨平，再塗上具有撥水效果的撥水蠟。❽在黏合面塗滿褐色的矽膠。❾用電鑽固定。

10
11
12

❿將軟木樹皮的碎屑撒在接縫處，讓接縫處變得不明顯。⓫將背面完全封住。⓬壁掛式軟木樹皮盆器完成。非常適合搭配塊根植物和仙人掌等。

125

SHOP GUIDE

OZAKI花卉公園
OZAKI FLOWER PARK

1

以東京都內占地面積最廣的賣場而自豪的OZAKI花卉公園，每天都有許多園藝愛好者前來，非常熱鬧。雖然這裡是販售各種園藝植物的地方，但鹿角蕨的品項也相當豐富齊全，因此有愈來愈多的愛好者來此選購。觀葉植物的賣場位於2樓，往裡面走就會看到高聳的柵欄，上面掛著成排板植的植株。除了二歧鹿角蕨和荷蘭鹿角蕨'Netherlands'等常見品種，還有許多適合進階者的植株，例如馬來鹿角蕨、馬達加斯加鹿角蕨以及稀有的雜交種；無論是養鹿新手或鹿角蕨玩家，都能在這樣的商品陣容中找到滿意的品項。此外，這裡也展售多株皇冠鹿角蕨這類令人聯想到當地叢林的巨大植株，其磅礡氣勢令觀賞者讚嘆不已。

「由於新冠肺炎疫情的影響，民眾對室內觀葉植物的需求大增，其中尤以鹿角蕨最受矚目，因此我們賣場也準備了豐富的種類。」觀葉植物的負責人後藤直也先生說道。去年的年底，賣場舉辦了鹿角蕨上板的工作坊，廣受好評。另外，今年春天還舉辦了SmokeyWood和PlantsClub的銷售活動，同樣吸引了眾人的目光。

後藤先生也談到了他的抱負：「今後我想繼續充實商品內容，並且細心地銷售每個品項」。

❶販售已經上板的植株。除了各種原生種之外，雜交種也很豐富。也有販售一些價格較高的珍稀品種。❷負責觀葉植物的後藤直也先生，爽朗的笑容是他的一大特色。❸這裡也販售鹿角蕨的盆苗。想讓大家感受一下從子株開始培育的樂趣。❹水苔是栽培鹿角蕨時不可欠缺的介質。紐西蘭產的高級水苔有很多存貨。❺專用的附生板也很豐富。❻各種類型的軟木樹皮相當齊全，可以享受挑選的樂趣。❼巨大的鹿角蕨展現出叢林的感覺。

OZAKI FLOWER PARK
東京都練馬区石神井台4-6-32
TEL 03-3929-0544
營業時間 9:00～19:00
公休日 1/1～1/2

●日文版STAFF
內文設計　　平野威
照片攝影　　平野威、齋藤英成（STUDIO男爵）
編輯、撰文　平野威（平野編集制作事務所）
企劃　　　　鶴田賢二（クレインワイズ）

●攝影協力
OZAKI FLOWER PARK

BIKAKUSHIDA 2 MIRYOKU AFURERU SAISHIN HINSHU TO
UTSUKUSHIKU SODATERU JISSEN KNOW-HOW
© EIICHI NOMOTO 2023
© TAKESHI HIRANO 2023
Originally published in Japan in 2023 by KASAKURA PUBLISHING Co., Ltd., TOKYO.
Traditional Chinese translation rights arranged with KASAKURA PUBLISHING Co., Ltd., TOKYO,
through TOHAN CORPORATION, TOKYO.

培育絕美鹿角蕨
進階栽培 × 配置設計，兼顧收藏與裝飾的綠植美學

2025年8月1日初版第一刷發行

監　　　修	野本榮一
攝影、編輯	平野威
譯　　　者	安珀
特約編輯	劉泓葳
副　主　編	劉皓如
美術編輯	黃瀞瑢
發　行　人	若森稔雄
發　行　所	台灣東販股份有限公司
	＜地址＞台北市南京東路4段130號2F-1
	＜電話＞（02）2577-8878
	＜傳真＞（02）2577-8896
	＜網址＞https://www.tohan.com.tw
郵撥帳號	1405049-4
法律顧問	蕭雄淋律師
總經銷	聯合發行股份有限公司
	＜電話＞（02）2917-8022

著作權所有，禁止翻印轉載。
購買本書者，如遇缺頁或裝訂錯誤，
請寄回更換（海外地區除外）。
Printed in Taiwan

國家圖書館出版品預行編目（CIP）資料

培育絕美鹿角蕨：進階栽培 × 配置設計，
兼顧收藏與裝飾的綠植美學 / 野本榮一
監修；安珀譯. -- 初版. -- 臺北市：臺灣
東販股份有限公司, 2025.08
128 面；16.3×23 公分
ISBN 978-626-437-009-7（平裝）

1.CST: 蕨類植物 2.CST: 栽培

378.133　　　　　　　　　　　114008228